杂木庭院

——与树为伴的日式庭院

〔日〕高田宏臣 著

冯莹莹 译

中国水利水电出版社
www.waterpub.com.cn
· 北京 ·

前言

现在很多人都在寻找一种既能重新回归自然又能真正利于身心健康的生活方式。在这种新型价值观的影响下，越来越多的人不再满足于生活在钢筋水泥建造的封闭空间，而是通过"杂木"打造出多种生物共存的自然型居住环境。

杂木庭院不仅是一种能丰富生活的庭院模式，甚至可以说它开启了人与自然和谐共生的新篇章。

让以前那些与我们生活密切相关的山林、树木、土地等自然原有的优质生态资源在身边重新焕发出生机，同时让树木在现代生活环境中充分发挥出自身作用，相信这也是今后很多人都梦寐以求的事。

长久以来，杂木庭院就深受人们喜爱，为人们营造出丰饶而自然的生活环境。为了能让更多人了解建造及管理杂木庭院的相关知识，谨以此书以飨读者。

高田宏臣

由于杂木中的落叶型乔木的枝叶都生长在植株的较高位置，因此能将庭院空间自然划分为上部的枝叶空间和下部的生活空间。即使空间有限，杂木庭院也能营造出绿意盎然的环境。（山本家庭院）

杂木庭院
——与树为伴的日式庭院

contents

杂木庭院

与树为伴

在绿树环抱的树荫下静享惬意时光，与微风一起感受时间的静静流逝。（内山家庭院）

傍晚时分，整个庭院都沐浴在金黄色的夕阳余晖中，所有景物显得静谧而耀眼。
（富泽家庭院）

在杂木庭院中
感受慢慢流逝的
时光

自窗边照射进来的阳光穿过叶隙，形态多姿，让人赏心悦目，

而微风拂过树叶的声音又是如此安适而惬意。

在杂木庭院中，时间仿佛都变慢了，

能让置身其中的人们充分感受到内心的平静与丰盈。

在生活中
随时欣赏到
绿意盎然的
山野风情

山野景色总是能轻易撩动人们的思乡之情，

因此，很多人都憧憬着一种能随时亲近自然的多彩生活。

杂木庭院能使山间的自然景色在居所内得到再现，

同时，栽种植物也让我们的生活更富于情趣。

上/ 在连廊旁打造的小型杂木岛，使得落地窗外的风景宛如图画般优美。（白须家庭院）
下/ 通过栽种当地植物而打造出层次丰富、绿意盎然的林间甬路。（高山家庭院）

这座庭院位于日照充足的旱田。杂木庭院有利于保护农用地，从而实现绿色健康的生活。（白须家庭院）

巧借公园水杉景色的杂木庭院。这里冬季日照温暖，夏季绿树成荫。（龟田家庭院）

种于窗边的树木使得屋内人有置身于森林之感。（cafe 橡果树）

清风吹拂、光影斑驳的安适庭院

每当风儿轻轻吹过树梢，

叶间的点点光影就会随风摇曳。

鸟儿在歌唱，虫儿在欢叫。

在杂木庭院中，人的生命力也在自然力量的召唤下熠熠生辉。

如果在树荫下摆上一把椅子，无论读书或小憩都显得如此惬意。

此时，这里就成了都市中的一块乐土。

杂木庭院护佑着各种"生命",它让我们的身心更健康,同时也让我们学会更好地与自然相处。(白须家庭院)

嫩黄色落叶树与深绿色常绿树让春季的杂木庭院显得美不胜收。（松下家庭院）

庭院随季节流转而呈现出多种姿态

春风里鹅黄的嫩芽，夏天中油亮的绿叶，秋日下似火的红叶，冬雪中伸展的寒枝。杂木庭院会在不同季节呈现出不同表情，也让我们真切感受到岁月的流转与生命的变迁。

树叶在凋落之前呈现出艳丽的红色、黄色，让我们再一次感受到"生命"的美好。（星岛家庭院）

杂木庭院

营造出

舒适

生活

make a good living
COMFORTABLE Garden

浓绿的树木能缓解疲劳，抚慰我们的内心。同时，还能带来舒适的斑驳阳光、凉爽的树荫以及柔和的微风。

杂木庭院在改善居住环境的同时，为我们营造出安适、惬意的生活氛围。

该杂木庭院修建于道路至大门之间的狭长空间，成功再现了秩父市（位于日本埼玉县西北部）丰饶的自然风光。此时正值庭院竣工后的第二年春天，绿意葱茏的树木打造出舒适的生活环境。（白须家庭院）

埼玉县 白须家庭院

拥有天然杂木林的农家庭院

将长甬路改造成连接大门、车库

和菜园的幽深杂木庭院

上/从道路眺望。加大水泥铺路石之间的缝宽，并在其间种植3种草坪植物，以使其呈现出天然草坪的状态。另外，特意在大门口设置木板门柱，以使其与周围树木自然融为一体。同时，还安装了简单的门灯、信箱及长椅等。
右/建于前院向阳处的菜园。在大门口至屋门口的甬路边栽种中型灌木，以避免院内氛围过于沉郁。在开垦出的4日亩（日本土地计量单位，1日亩约合0.991公顷）田地内，分别种着草莓、番茄、芜菁、大蒜、扁豆、胡萝卜等作物。

忙于育苗的白须夫人。在她后方是草坪屋顶的工作间。在此铺设水管以备劳作之需，同时工作间内还可存放各种农具。为提高屋顶的排水性，特意将屋顶做成漂亮的曲面造型。可见，小小的工作间也能为庭院增色不少。

DATA
占地面积：530m²
庭院面积：400 m²
竣工时间：2010年7月
设计施工方：高田造园设计事务所
（高田宏臣）

高效利用横宽7m、纵深50m的非规整用地

白须先生居住在绿意盎然的饭能市（位于日本埼玉县西南部），他于4年前购买了这块住宅用地。该地为横宽7m、纵深50m且最宽处达15m的非规整用地。

白须先生认为，"该土地与道路相接处较窄且纵深较长，乍一看可能会觉得这里并不适于建房。其实，这种非规整用地反而利于建造出新颖而有趣的家园。"

于是，白须先生在购入土地之后又花了1年时间进行房屋设计，并最终确定了"森林之家"的设计理念。该设计将房屋设置在庭院尽头，同时在从道路至房门口的长达36m的空间内铺设极具林间风情的甬路，并在向阳处开辟菜园。

为能充分实现白须先生的设计理念，施工方特意在房门旁设置了一块可穿鞋出入的开放式空间，这里不仅能作为劳作时的休息场所，还可进行烧烤。每当打开这里的窗户，就仿佛置身于庭院之中。因此，这里也成了白须一家最心仪的休闲之所。

房门前甬路。房门在杂木林后隐约可见，正面栽种着梄标、六月莓（均为乔木），同时还有蜡瓣花、吊花、腊梅、栀子花、马醉木（均为中型灌木）等，由此形成了一个绿意盎然的植物区。同时，在植物区周围点缀着紫萼、白及等林地杂草，让植物实现从地面到空中的自然过渡。

由三合土地面房间眺望庭院。铺有地砖的三合土地面房间不仅能作为劳作时的休息室，还能成为孩子们吃零食、画画的活动室。

上/紧邻三合土地面房间修建的庭院。在檐溜处放置一个大水瓮，同时在周围点缀几块天然石块以提升庭院的观赏性。沿此路一直走，就会到达里间客厅前的庭院。
右/有长椅的开放式空间。每当此处有阳光照射时，三合土地面房间旁边以及客厅前的树荫庭院就显得格外凉爽，随着微风吹拂，室内空间也变得凉爽起来。

主要植物

落叶乔木：枹栎、枫树、山荔枝、白蜡树、六月莓等
常绿乔木：青冈栎、金桂、茶梅、细叶冬青等
中 型 木：夏茱萸（落叶树）、长柄双花木（落叶树）、吊花（落叶树）、具柄冬青（常绿树）

以长甬路划分
不同功能区的杂木庭院

当房屋修建好之后，房前的空地便显得很扎眼，而且整个房屋也显得格外突兀。

白须先生告诉我们，"当初，我们为在狭长空间修建庭院而举棋不定，于是参观了高田先生家的庭院。由此，我们对那种不使用灯笼、石制洗手盆等人工景观而是以树木为中心的自然庭院格外中意。"于是，白须先生提出要建造一个"带菜园的'森林之家'式庭院"。随后，他们将建设任务委托给了高田造园设计事务所的设计师高田宏臣。

此案例中，高田注重有效划分现有的狭长区域，同时给整个庭院营造出森林般的自然氛围。

首先，他在充分保障空间使用率的情况下，在距甬路口6m的地方建造了大门，同时参考建筑师的意见在距大门20m的地方修建了车库。如此一来，就能建造一个供汽车在树林里穿行的甬路式庭院。另将车库和房前的空地改为带菜园的前院。

甬路 为使汽车能顺畅行驶而特意加宽了甬路，同时使用精加工水泥铺出人行道，并在两侧整齐地铺上水泥铺路石，以及在宽石缝中栽种草坪植物。

前院 为使屋前甬路与单侧倾斜式屋顶的风格更加相称，特意铺设了极具视觉效果的木曾石（产于日本岐阜县的花岗岩）。较大的木曾石的尺寸为1.5m×1m、厚40cm，将不同大小的木曾石巧妙铺设成1.5m宽的弯曲甬路。整个设计显得庄重大方，盛开于道路两侧的花草也让步行者备感惬意。

在日照较好的南侧区域开辟出菜园。先用枕木圈出一块3.4m宽、4.8m长的旱田，同时在旁边修建一个草坪屋顶的工作室，并设置几个用于堆肥（原料是落叶及食品垃圾）的木制混合肥料箱。

植物 在住宅地周围密植中型常绿灌木以给庭院做出背景，同时在灌木林内侧种植若干杂木，使其自然衔接成"小森林"。

餐厅
客厅
住宅
三合土地面房间
房门
N
菜园
工作间
长凳
木柴架
车库
木柴架
大门
道路

左/将暖炉置于客餐厅中央。栽于窗边的枫树、枹栎形成近景，同时也让庭院更显幽深。
下/和式房屋的落地窗。当庭院建好之后，这里又多了一扇漂亮的落地窗。

左/木柴来源于附近造园师淘汰的木材，由房主用轻型卡车运回。预计每个冬季会消耗10卡车量的木柴，所以劈柴是必不可少的劳作。
右/从车库向外望。在界墙处设置木架用以堆放木柴。让木柴架的外观与杂木相称，以使其成为庭院中的一道风景。

🌿 在杂木庭院中生活

　　杂木庭院是充满自然气息的庭院。在这里，孩子们能接触到各种昆虫、动物，他们会埋葬那些死去的昆虫，也会捉几只蜥蜴与朋友一起玩耍。所以，成长在杂木庭院中的孩子就是大自然的孩子。

　　当孩子稍微长大一些，还可让他们在三合土地面房间旁的庭院里支起帐篷。如此一来，即便在家里也能享受露营的快乐。虽然房子仅有一层，但是葱郁的杂木林会在夏季营造出凉爽、舒适的生活环境。如此惬意的生活真让人向往啊！

　　在房屋周围种植杂木时，应将粗树置于中心位置，如此从屋内看去，这些粗树就会形成近景，从而形成透视效果以加强景物的视觉冲击力。

　　而且，在大门通向车库的甬路两侧，交替设置几个以乔木为中心的植物区。由于乔木只会在3m以上的地方伸展枝叶，所以不会对交通造成影响。

　　庭院中的绿色空间随着甬路延伸而逐渐伸展开来。其中，前院的树木显得尤为苍翠、浓郁，乔木、中型木及灌木等营造出丰富的层次感。就连延伸至房门前的铺石路也呈现出优雅的渐变色调，令人赏心悦目。

杂木庭院
营造出
舒适
生活

make a good living
COMFORTABLE Garden

case 02

巧用现有连廊的杂木庭院

巧用杂木打造
冬暖夏凉的
客餐厅

滋贺县 龟田家庭院

树荫浓郁、叶影轻摇的连廊让
人备感舒适。

遍布红叶的杂木庭院。栎树、枹栎等杂木的树皮会随着时间流逝而越发漂亮，由此也让庭院更有风情。由碎石铺成的庭院路显得格外精致，种于道路两边的大吴风草、三色堇、寒莓等杂草给院子更添几分情致。

DATA
占地面积：260 m²
庭院面积：100 m²
竣工时间：2000年3月
设计施工方：庭游庵（田岛友实）

上/从房间窗户延伸至木板围墙的三角形连廊。毗邻连廊的植物区与公园里的水杉相连，让整个庭院显得更开阔，让狗狗也可以惬意沐浴在深秋暖阳里。
下/深入庭院的客餐厅。在夏季，透过左侧窗户即可观赏到琵琶湖畔的烟火大会。

主要植物
落叶乔木：枹栎、日本山枫、日本野生樱、榉树、栎树、瓜皮枫、老叶树
常绿乔木：青冈栎
中型灌木：大叶钓樟（落叶树）

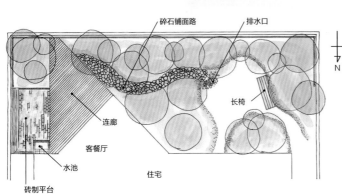

碎石铺面路　排水口

N

长椅

连廊

客餐厅

水池　　住宅

砖制平台

时尚的三角形房间与连廊

　　龟田先生在13年前就看中了那个广阔而绿意葱茏的公园，并最终将房屋修建在此处。首先，他设计了一个边长4.5m的三角形客餐厅，尖角深入内院。然后又在左侧窗边设计了一个能直接由房间进出庭院的三角形大连廊。如此一来，很多学生便能在此处聚会。

　　之后，龟田先生将造园任务委托给京都知名的杂木庭院建造公司——"庭游庵"的造园师田岛友实。

杂木营造出冬暖夏凉的居住环境

　　之前，在客厅右侧的庭院内仅栽有1棵榉树，不仅无法达到遮蔽、保护隐私的效果，也无法挡住夏季强光。

　　于是，田岛将屋后公园里的水杉巧妙引入院中，旨在修建一个"林间庭院"。而且，杂木还能营造出冬暖夏凉的庭院环境。

　　为此，他栽种了7棵树高约5m的枹栎以及同样高的日本山枫、日本野生樱等落叶乔木，并将这些树木种在界墙及房屋附近，如此一来连廊周围便能绿树成荫，同时房屋外墙及窗边的树木也能在夏季充分遮挡日照并且隔离辐射热。

　　另外，田岛还在庭院中央的向阳处规划了一片空地，并在中间用装饰碎石堆出一个排水口，还在树荫下安上长椅以备人们休息。

　　明亮的空地与周围的树荫相映成趣，还让院内形成温差，进而营造出习习凉风。

　　一到冬季，落叶树的树叶凋落，阳光便透过树枝照进连廊和屋内。于是，这里又变成了舒适而温暖的"特等间"。

　　尽管庭院内栽种了很多树木，却丝毫没有阴郁之感。并且，这些树木的枝叶只长在3m以上的树干，所以树下有充足的活动空间。

在杂木庭院中生活

杂木庭院营造出夏有树荫、冬有暖阳的生活环境。而且，各种杂木在不同季节会呈现出不同姿态，真是美不胜收！无论是在平台，长椅还是杂木林下都能看到他们快乐的身影。这里最多时有30多个学生进行烧烤。

该庭院自竣工后已有10年，现在这些树木已长高10m左右。每到夏季，客餐厅就会被绿荫环绕，让人备感惬意。

空地及周围的植物。房主每年会修剪一次树木，保证树围在25~30cm，由此得以长久保持清新、舒适的庭院环境。

东京都 内山家庭院

新型住宅区中的绿洲

通过栽种枹栎、栎树
打造绿意、休闲型庭院

上/为减少邻居房屋对庭院环境的影响，可使树木枝叶充分生长，以挡住其他建筑物。同时，在树荫下安上长凳，并安装一盏船用照明灯以备夜间使用。

下/从餐厅前的连廊眺望。将庭院划分为连廊、平台和菜园三个区域，并通过连片栽种树木遮蔽这些区域，以让庭院更显幽深。

庭院位于站前经二次开发的新型住宅区

内山先生居住的东京下町，站前区域刚完成二次开发。该地区规划建设了一条住宅街，新型的二层建筑及多层公寓密布其间，但周围的绿地面积却十分有限。内山先生的房子位于街角处，这个位置不仅暴露于外部视线之内，在夏季时南向客餐厅及和式房间内的光照也过于强烈。

内山先生之前非常喜欢附近一个咖啡馆的庭院，于是店主为他介绍了承接造园工程的企业——高田造园设计事务所。内山先生提出，"想要和咖啡馆庭院一样的树木成荫、绿意环绕的凉爽庭院，还要有可供读书、品茶的空间，同时再附带一个老人喜欢的小菜园。"

建于客厅前的石面平台。平台由大小不同的丹波石（产于日本兵库县多纪郡的天然石材）铺制而成，风格与周围树木十分相称，将整个庭院氛围衬托得格外幽静。

DATA
占地面积：360 m²
庭院面积：110 m²
竣工时间：2010年
设计施工方：高田造园设计事务所
　　　　　（高田宏臣）

左/从二楼俯视。为确保平台的使用面积，充分缩减了植物空间以避免其占用过多面积。

右/由于植物毗邻连廊，使得此处成为绿荫与斑驳阳光交织的休闲佳所。

下/将栽种枹栎、栎树、枫树等乔木及中型灌木的杂木区连成一体。自庭院竣工后，每年都会进行土壤改良，使得庭院能长久保持生机盎然的景象。

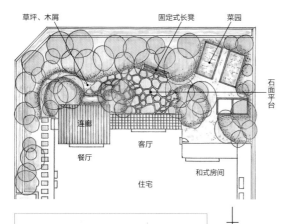

以7m高的树
打造"森林"中的家

由于二次开发，使得周围的土质十分恶劣。

因此，高田首先从地表去除50cm的劣质土，再铺一层腐叶土，然后铺一层优质黑土，上述工作完成后，才开始正式的改造工程。

首先，为了给住宅营造出绿荫环绕的安适氛围，植物搭配以7m左右高的枹栎、栎树为主，同时搭配十几棵树高在6m以上的落叶乔木。由于杂木枝叶能伸展至二楼，即便从二楼窗户向外望去，庭院氛围也不会被周围住宅影响。

再过几年，杂木枝叶就能伸展到三楼窗户附近。尽管身处在高楼林立的大都会，却依然能拥有这样一个绿意葱茏的庭院。

庭院的主要景观是长椅平台。在客厅前修建石面平台并放上长凳，同时在餐厅前修建木连廊，并在和式房间里侧开辟出迷你菜园和落叶池。如此一来，这三个区域便能展现出各自不同的风格和功能。

为了能在有限的庭院空间内实现3区域的划分，造园师在建造时充分缩减了植物空间，以避免其占用过多面积。幸运的是，建好后的庭院平台不但没有丝毫的狭窄感，还显得绿意盎然。从外面看，整个房屋如同置身于小森林中。而且，走入院内还会发现树下的空间十分宽敞、舒适。

草坪、木屑　　固定式长凳　　菜园

石面平台

连廊

餐厅　　客厅

和式房间

住宅

N

主要植物

落叶乔木：枹栎、栎树、日本山枫、青栲
常绿乔木：青冈栎、山茶、茶梅
中型木：具柄冬青（常绿树）、夏茱萸（落叶树）

🌿 在杂木庭院中生活

当结束一天的工作回到家里之后，我可以舒服地坐在平台的椅子上，一边透过树叶遥望星月，一边喝着啤酒。正因为有了庭院，我们才能在惬意的氛围中度过一天的生活。

另外，家人们还时常在庭院内烧烤。由于庭院不像室内那样拘束，能让所有家人都乐在其中。

树木上部的茂密枝叶
能有效遮挡邻居房
屋，而且，高窗处若
隐若现的树影也让就
餐者备感舒缓。

熊本县 高山家庭院

利用露台与草坪打造明亮的杂木庭院

通过混搭打造出树木与现代建筑并存的休憩型庭院

左/建筑物与庭院共同打造的象征性走廊。房主高山先生像一个恶作剧的孩子一样笑着说道，"每当我关上玻璃门时，那些要去庭院的人都会不小心撞上，于是我在走廊上放上椅子以示提醒。"
右/房屋内外墙都被刷成墨色，由此将绿树衬托得格外漂亮。其中，自由伸展的日本莲香树显得尤为健硕。

左/铺设于露台上的两道白色碎石一直延伸至走廊地板,此种设计真是让人惊叹！同时,院中1.5m高的工艺品造型简洁、风格古朴,与庭院氛围十分相称。

右/栽种于连廊前的伊吕波红叶树。其实,这棵树曾一度出现病弱迹象,多亏高山先生的精心护理才使它重新恢复了生机。如今这棵树枝繁叶茂,为连廊撑起舒适的绿荫,而且秋天的红叶也十分漂亮。

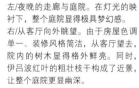

左/夜晚的走廊与庭院。在灯光的映衬下,整个庭院显得极具梦幻感。
右/从客厅向外眺望。由于房屋色调单一、装修风格简洁,从客厅望去,院内的树木显得格外鲜亮。同时,伊吕波红叶的粗壮枝干构成了近景,让整个庭院更显幽深。

墨色墙面的房屋俨然成了 "赏景高阁"

DATA
占地面积:1250 m²
庭院面积:950 m²(含前院)
竣工时间:2007年3月
设计施工方:Green Life
　　　　　Koga(古闲胜宪)

高山先生已将工作交给儿子们,而他自己则在阿苏(位于日本熊本县)的别墅区内建起房屋、庭院,开始了与自然为伴的生活。

"尽管交通略有不便,但我却十分中意这里,在这种意趣盎然的环境里生活是我多年以来的梦想。"

凭借自己深厚的绘画功底,高山先生绘出了心中理想的房屋及庭院草图。之后,设计方在此基础上又进行了几次修改,最终让高山先生美梦成真。

"由于家父十分爱好书法,也间接影响我对日本传统文化的喜爱。'和'是一种会赞美阴影的文化。借由窗户营造出光影交错的空间,能将庭院衬托得更加明亮。我的设计正是基于这种思路。"

高山先生将屋内的墙壁、天棚、地表颜色均统一为墨色。同时,为充分营造出光影交替的效果,使客厅、餐厅及卧室都面向庭院。

尤其值得一提的是高山先生设计的走廊。横卧于房门与客厅之间的走廊是一个阴影重重的"隧道",而地板上的两道白石带则能将视线引向庭院。在走廊穿过大型落地窗便能直达明亮的庭院。

庭院中绿意闪耀的大型日本莲香树与外形古朴、色彩雅致的工艺品不仅是主要的吸睛景观,还能缓解室内外色差带来的不适感。

穿过客厅便来到一个同样以深色调为主的空间。当视线从昏暗的房间越过平台而望向庭院时,无论是粗壮的枫树还是广阔的草坪都显得生机勃勃,让人不禁心生欢喜。

单色调庭院家具衬托下的庭院。近处的伊吕波红叶树、位于中景区的粗壮日本莲香树、榉树以及位于远景区的形态生动的杂木群使得庭院极富层次感。同时，在庭院深处放置了两个白色双脚椅，加强了透视效果，让庭院更显幽深。

种植榉树和日本莲香树的
油亮草坪
让人备感惬意

高山先生正是为了能亲近大自然而选择了这里，他想将这里打造成既要树木葱茏又要明亮开阔庭院。他将造园工程委托给了Green Life Koga的造园师古闲胜宪，并向对方传达了这两点要求。

古闲在观察周边地形时发现，此处紧邻国道，而且周围还分布着一些民居和墓地。于是，他先加厚了国道附近防滑坡上的竹墙，充分隔绝噪音。然后，他又在墓地侧以前后间错的方式设置了三面石墙，以遮挡无关景物。同时，他还在庭院周围栽种上山茶、青栲、具柄冬青、石楠、厚皮香等常绿树以及可相互搭配的枫树、枹栎、山樱、山荔枝等落叶树，由此形成常绿树与落叶树的混栽林。另外，他还栽种了天竺葵、山白竹、鳞毛蕨、三色堇、禾叶土麦冬、大吴风草等杂草植物，以重现天然林风貌。

上/从卧室前眺望。为了避免遮蔽用白色外墙过于单调，特意设计成前后交错的样式。如此一来，外墙搭配植物能更好地表现出庭院的动态美感。
下/由于高山先生提出要让生活环境更贴近庭院，于是在庭院建好的两年后又修建了一条散步小路。

古闲还在开阔的庭院中央设置了50~60cm高的缓坡，并在房屋周围栽种树龄可达30年的伊吕波红叶树。该树的枝叶会逐渐横向伸展，外观十分漂亮。而且，为了能让院中主树——榉树与日本莲香树起到凝练景观的作用，古闲还特意采取了成对栽种的方式。

由于庭院内光照充足，当时栽种的榉树和日本莲香树在5年后已长成13m高的大树。这些树木不仅能引来各种鸟儿，还能为草坪撑起绿荫，真可谓是庭院忠实的守护者。

🌿 在杂木庭院中生活

当很多小鸟飞来时，我们便能在阵阵鸟鸣中迎来清晨。我每天醒来后，首先要做的就是眺望庭院，即使看上两个小时也不觉厌烦。我平时除了修剪细竹之外，在夏季每周要修剪两次草坪。其实，这些都是很好的运动。

下午，在树间挂上吊床，这样就能在树荫下睡个午觉。那种清风拂面的感觉，真是惬意啊！自从这里的房屋与庭院落成之后，我们就很少出远门了。

我甚至偷偷地想，自己在即将离开人世的时候，也要一直望着这座庭院……

庭院周围的杂木群由常绿树与落叶树混栽而成，其自然外观丝毫不像是人工林。在起伏的地面上覆盖着草坪，尤其是庭院在夕阳中所呈现出的各种浅影，更让人倍感静谧、安适。

甬路两侧的树木枝叶在朝阳的照射下显得格外通透，丝丝阳光洒落也让人备感温馨。

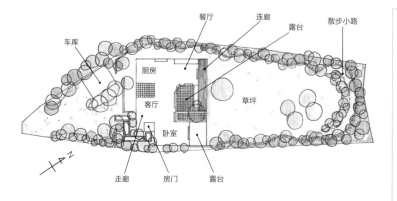

餐厅　连廊
露台　散步小路
车库
厨房
客厅　卧室
草坪
走廊　房门　露台

主要植物

落叶乔木：榉树、日本莲香树、枹栎、山荔枝、红山紫茎、山樱、伊吕波红叶树、栋树

常绿乔木：青栲、山茶、厚皮香

中型灌木：珊瑚木（常绿树）、具柄冬青（常绿树）、树参（常绿树）、石楠（常绿树）、日本吊钟花（落叶树）、忍冬（落叶树）

杂木庭院 营造出 舒适 生活

make a good living
COMFORTABLE Garden

case 05

千叶县 平野家庭院

让居住环境更舒适的杂木庭院

从房屋设计伊始便合理规划周围植物，从而打造出美观又舒适的居所

上/在房前栽种乔木，并使枝叶伸展到二楼通风口的长窗附近，由此能有效缓解夏季强光带来的燥热感。

下/在餐厅前修建一个高平台和一个低一些的宽平台，便于人们从餐厅直接进出庭院。同时，在平台前栽种几棵不同品种的乔木，这样不仅能美化庭院，还可遮挡夏季强烈日照。

为建造理想中的庭院而规划

承接此项目的是高田造园设计事务所的造园师高田宏臣，他在设计前发现这里占地达826m²，于是提出了用大量植物环绕房屋的设计方案。同时，在栽种树木时要充分保证东西南北各区域内的空间平衡感。

最后，高田根据平野先生的要求建造了这座"能于天然林中观石赏水的庭院"，同时还附带一个菜园。

建于和式房间前方的杂木庭院。在房屋附近栽种几棵粗大的枹栎，由此给外墙罩上了一层树荫，可有效阻挡夏季直射光和辐射热。

DATA
占地面积：826 m²
庭院面积：550 m²
竣工时间：2010年
设计施工方：高田造园设计事务所
（高田宏臣）

以南院为主
并将室外客厅与杂木庭院衔接起来

　　高田进一步拓展了南院面积并将其作为主空间。栽种于餐厅前的枹栎及草坪构成了舒适、明亮的花园。高田还遵照平野先生的意愿，在面向主园的和式房间前特意放置了石块并设计了水景，由此营造出静谧、古朴的庭院氛围。

　　将氛围不同的两个庭院连接起来的正是树木与环路。稀疏的小树不久就会长成树林，而这里也会变成名副其实的杂木庭院。环路由方形花岗石和枕木铺设，采用铺石和飞石混搭的方式，让庭院的"和风"设计更富于变化。

右/在房檐下的窄道旁安放一个复古的陶制大水盆，由此使屋边景色更加多元。同时，水盆也成了一个小型生物集群区。
下/安放在杂木庭院主景区的水盆。潺潺流水从竹管落到水槽中，院内便充满了悦耳的流水声。

位于北门前的主路、车棚等。设计师沿主路设计了几个植栽区，让甬路仿佛置于林间。

在日照充足的西北面规划菜园角

当你从南院走向西院时，就会从杂木区到达开阔的草坪区。此时，你会依次看到为房屋遮挡夕照的树木、让草坪景致更显丰富的园石组合以及水盆中的水景，继续往前走便来到了西北角的菜园，这里的日照最为充足。这里的落叶池和工作间均由高田造园设计事务所设计而成。安装有水阀、工具架的工作间是农业劳作时的主要活动区。

相对狭窄的东面空间成了连接南院的过渡院。其中，沿道路设置的水盆和植物也成为了整个庭院的焦点景观。

活用2m高度差将北面打造成立体化杂木前院

北面主要为大门前主路及车棚。通过活用主道路上2m的高度差，连续设置几个栽种不同树种的植物区，同时用花岗岩铺设台阶。

为了让台阶周围的空间更宽敞，在种植树木时有意加大了树木之间的距离，如此一来，主路就变成了一个美丽的"绿色隧道"。

另外，房屋北面主要栽种着大型杂木，由此形成的树荫能在夏季为屋内送去阴凉。

位于东面过渡院的水景。将水盆置于大门口通道的正面，使其成为庭院的吸睛景观。

🌿 在杂木庭院中生活

宽敞的庭院总是显得那样美丽而舒适。我在家时会整天待在庭院里，尤其喜欢在菜园里侍弄蔬菜。

房屋周围绿树环绕，即使夏季也十分凉爽，就连登门的快递员也不禁赞叹"这里真凉快啊！"有时，他们还会坐在主路旁的树荫下休息。

我很喜欢小动物，于是置于显眼处的水盆就成了饲养青鳉鱼的绝佳场所。

位于房屋北侧的乔木林。这里树荫浓密，在夏季尤显清凉，同时还能有效降低室内温度。

菜园旁面积为3.6m×2.7m的工作间。在此处铺设水管，同时划分出放置农具的地方。另外，平野先生还搬来了一把木长椅，以备劳作间隙休息。

主要植物
落叶乔木：枹栎、枫树、野茉莉、小婆罗树、榉树、玉铃花
常绿乔木：杨梅、细叶冬青、青冈栎、山茶
中型灌木：夏茱萸（落叶树）、马醉木（常绿树）、石楠（常绿树）

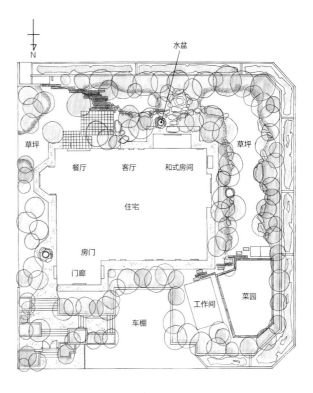

遍布流水与杂木的庭院

巧妙利用周围河流及
自然景色
打造萤火虫飞舞的庭院

东京都　富泽家庭院

经年不息的清流，瀑口处已长有青苔。

尽管该庭院仅仅是个宽6m、纵深11m
的小型庭院，却建出如此丰富的景观。
同时，还将深山水流的自然风貌浓缩
于庭院中。

DATA
住宅专用面积：108 m²
庭院面积：66 m²
竣工时间：2011年5月
设计施工方：藤仓造园设计事务所
（藤仓阳一）

在都市住宅区
追逐萤火虫之梦

对于造园师而言，必不可少的工作之一就是与委托人进行商谈，他们会通过多次商谈构思出庭院雏形。

承接此项工程的是藤仓造园设计事务所的造园师藤仓阳一。他同富泽先生就庭院风格进行了多次商谈，其中富泽先生曾提到，"庭院中要是有萤火虫飞舞，那该多让人高兴啊！"于是，藤仓确定了流水与杂木相间的庭院风格。

富泽先生本人对庭院设计也很感兴趣，而且有过造园经历，他十分赞同藤仓的构想。于是，藤仓便立即启动工程并首先在院中挖掘水井。

富泽先生告诉我们，"由于我平时工作较忙，很少有机会去爬山赏景。现在家里就有一个能随时欣赏枫树林的庭院，我真是太高兴了！"图中，富泽先生正坐在4.6m宽的大落地窗前观赏庭院。

营造起伏山势并从山脚引出流水

上/沐浴在夕阳中的流水呈现出不同表情，让人赏心悦目。
下/通过井水与循环水制造出全天不间断的水流，其水声动听沁人心脾。

藤仓脑中的庭院要有深山溪流般的流水，同时周围还要有开阔的自然空间。

为使人们从客厅眺望庭院时有如临其境之感，他特意加高了庭院地表，使其与客厅地面等高。然后，他在庭院左侧的瀑口处及中央区域的露台处分别做出90cm高和40cm高的缓坡，由此营造出流水透迤于山脚的自然之感。

为了能让庭院充分呈现出自然风貌，藤仓在已有石块的基础上添加了秩父石（产于日本埼玉县秩父市的石料）以在流水两侧做出"石畔水岸"。这些石块或伸入河道、或悬于水流、或置身河中，从而让溪流更具自然意趣。同时，藤仓还在河底铺满小石子，以让流水呈现出低缓、蜿蜒之姿。

庭院中流水的形态极富于变化，其源流来自于由凸凹大石垒成的距地面40cm的瀑口。自瀑口处落下的水流变成浅溪后直接越过险滩，然后水流逐渐变宽而趋缓，接着水流又撞击到狭窄处而形成湍急的弯道，最终水势变缓并汇聚成明净水池。

除此之外，沉积于河底的落叶也显得极为自然。不久之后，这些落叶就会重新变成土壤，而土壤和腐叶土正是川蜷的理想巢穴，而川蜷又是萤火虫幼虫的食物来源。

露台与植物形成的明暗对比让庭院景色更富于变化

藤仓希望庭院营造出自然山景，但是栽种统一树木会导致庭院风格过于单调。于是，他首先用花岗岩石与三合土在庭院中央修建了一个宽1.5m、纵深2.3m的和风露台。为了让露台周围有树木环绕，他在露台左侧的瀑口附近栽种上日本山枫、日本枫、白蜡树、具柄冬青、小羽团扇枫等乔木以形成苍翠繁茂的林区。同时，在露台右侧栽种橡树、枫树、六月莓等。

为使露台周围的空间更加明亮，藤仓还特意在两边做出舒适的树荫区，由此形成的明暗对比让庭院更显开阔。

藤仓经过多方寻找，最终将颇具风骨的红柳木确定为庭院主树，并将其栽种在庭院中央及房屋旁。如此一来，富于变化的庭院景致便在红柳木的映衬下更显和谐统一。

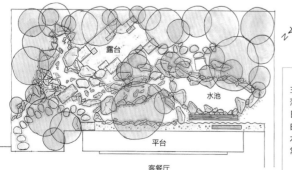

露台

水池

平台

客餐厅

主要植物
落叶乔木：日本山枫、
日本枫、小羽团扇枫、
白蜡树、六月莓、红柳
木、毛果械
常绿乔木：橡树

🍃 在杂木庭院中生活

在庭院落成之后，北红尾鸲、白头翁、灰椋鸟、白脸山雀、黄鹂等我颇喜欢的野鸟便经常来此戏水。拥有如此漂亮的庭院，还能看到各种野鸟，我感觉非常满足。虽然这里还没成为萤火虫飞舞的庭院，但今后我会长期致力于改善周围环境，同时还要尝试无农药管理。

日本山枫、小羽团扇枫等树木与流水营造出静谧、安适的氛围。栽种于房前的红柳木巧妙遮挡了建筑物，还让庭院与建筑物更显和谐统一。

建于山腰朴树林的杂木庭院

庭院让孤立的房屋融入自然
环境而成为舒适居所

千叶县·高野家庭院

穿过高大的朴树林便能看到高野先生的宅院。用真鹤石（日本国产石料）沿农用路建起农家墙，从而营造出颇具房总（即以千叶县为主的区域）风情的恬静景致

DATA
占地面积：6000 m²
前院面积：330 m²
竣工时间：2011年6月
设计施工方：高田造园设计事务所
（高田宏臣）

在房门前的甬路两侧铺上真鹤石，并用当地锯山出产的石料和三合土做出平缓台阶。另外，沿路种植枹栎、枫树、野茉莉等乔木以形成景观，同时还能遮挡夕照。

用棱角分明的天然石在房屋周围做出的石墙显得自然大方。考虑到房屋高度，将之前的竹墙替换成较矮的板墙，而交错于墙内外的乔木及中型灌木则形成了一片极具立体感的林地。

沿农用路砌成的石墙。该石墙不使用水泥，而是将石块由大到小堆砌在一起，由此做出与周围景物相协调的农家墙。

尽享第二人生的乐园

高野夫人的住宅位于南千叶的丘陵地带。她告诉我们，"我先生之前就想过要在一块平缓而宽阔的丘陵地带开始自己的第二人生。一有机会，他就会去寻找理想的场地。"

当他们初次来此地参观时，就被遍布山坡的巨大朴树所吸引了。于是，他们最终决定在此处定居。

这片土地年代久远，之前曾是梯田，被闲置了50多年。周围朴树的树龄均在60年以上，散落分布的茂密树林也是这一带较为珍稀的自然景观。

由于长期闲置，这里的茅草、野蔷薇等灌木丛的长势极为旺盛，甚至能超过人高。5年前，房主在周围邻居的帮助下从灌木丛中开辟出空地并建造起房屋。

高野夫人告诉我们，"当我们从横滨搬到新家时，周围没有任何住宅的自然景色让我们感到十分新奇。在四季变换的景色以及动人的鸟鸣中，我们过着惬意的生活。在房屋建成两三年后，我环视四周发现夕照充裕的房前空地也大有可为。"于是，高野夫人便在造园师高田宏臣的建议下，修建了一个适于当地自然风貌的庭院。

上/宽阔甬路边的石墙以及屋前石墙将整个区域划分成围绕房屋的五个植物区。右侧的高大朴树与自然景色融为一体，从而营造出静谧而安适的居住氛围。

左/紧邻大门左侧的菜园。在宽3.7m、纵深8m的田地旁搭建一个木柴架，同时用枕木在田地前方铺设平台。

右/门柱旁挂着的古朴小钟是高野夫人自新西兰购得。小钟与挂钟的树枝共同构成了一个别致的作品。

在檐溜处放一个大水罐，同时摆放几个石块。如此一来，这里便成了装饰树木庭院与连廊庭院之间的小景观。

上/客厅窗。自庭院落成后，这里就变成了观赏风景之处。
下/从二楼的和式房间向外眺望。室内的竹制天棚映衬着室外浓郁的绿色，让屋内备显幽静。种于屋旁的玉铃花、樱花以及枹栎等近景树与远山重叠在一起，营造出幽深林景。

通过石墙划分出五个植物区
将房屋与周围山景连成一体

高田初次来到这里时觉得，"尽管周围绿意环绕，但房屋像是从大自然中游离出来的建筑。"

从大门处即可望见宽阔的水泥路，汽车可以由此直达停车场。由于路旁仅种了草坪和日本吊钟花，因此水泥路深处的房屋显得格外空洞。

于是，高田提出在房门前的甬路、屋旁种上树，由此建造一个能融于周围自然景观的庭院。

首先，他在靠近房屋的甬路上建起70cm高的石墙，并在房前农用路上再建起一面60~150cm高的石墙，这两段石墙承载了实用性和观赏性。

然后，他又在邻近侧门和道路的两片区域内种上了枹栎和枫树，同时在停车场前设置了以鹅耳枥为中心的植物区。另外，他还沿农用墙搭配种植了枹栎、伊吕波红叶、野茉莉等乔木以及蜡瓣花、三叶杜鹃、夏茱萸等中型灌木，形成若干外观自然且有一定间距的植物区。为避免树墙遮挡房屋带来的压抑感，他特意选择了遮蔽力不强的植物。

为了让房屋显得自然大方，高田特意选用粗犷的大石在屋旁砌起石墙，同时在墙边密植枫树、枹栎、玉铃花等落叶型乔木。这样一来，透过树干便能隐约看见房屋，在夏季时外墙处还能有树荫。

设置在大门口与住宅之间的五个植物区自然相连，将房屋环绕其中，树干、石墙掩映下的房屋颇具柔美气息。

房屋周围的茂密植物群与粗大朴树相映成趣，同时还吸纳了周边的广阔林景，使得整个庭院与大自然巧妙融为一体。

🍃 **在杂木庭院中生活**

之前，我们认为自己生活在绿意盎然的环境中。不过，自从庭院落成之后，我们进一步体会到了在大自然中生活的感受。我们看到高田先生的作品时非常满意，能将造园工程委托给他实在是明智之举。

现在，高田先生帮我们在屋旁栽种了各种树木，让我们体会到近景、远景交错的丰富层次感，而窗边也有了无可比拟的美丽景致。现在，我们真切感受到了绿意环绕的美妙生活。

上/面向后山草原的南侧是开放式连廊庭院。可在占地11m×5m的连廊上进行烧烤等活动。初夏时节，草地上盛开着毛连菜、白三叶草等各色野花。春秋时节，高野夫人栽种的日本水仙和石蒜将草地装点得格外美丽。

下/房主每天清晨5、6点钟起床之后会先泡上一杯咖啡，然后通过观鸟望远镜观察各种野鸟。每天飞来的小鸟，也为这里带来独一无二的乐趣。

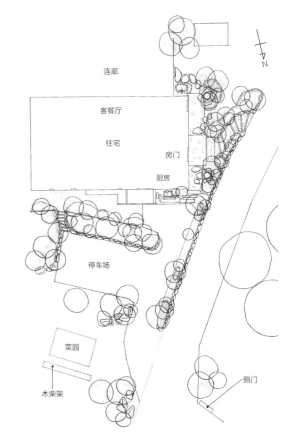

主要植物
落叶乔木：枫树、枪栎、玉铃花、六月莓、野茉莉、山荔枝、鹅耳枥
中型灌木：吊花（落叶树）、落霜红（落叶树）、柃木（常绿树）、山粗齿绣球（落叶树）、夏茱萸（落叶树）、蜡瓣花（落叶树）、三叶杜鹃（落叶树）

引入杂木的改建庭院

千叶县 菱木家庭院

将光照较强的草坪式庭院变成更加舒适的杂木庭院

上/用木头和船灯组合而成的庭院灯。
下/为了便于出入庭院，使连廊高度与屋内地面基本一致，同时在连廊周围搭配栽种各种乔木及中型灌木。乔木能为连廊撑起树荫，而灌木则能有效遮挡高出的连廊部分，使其与庭院自然融为一体。

竣工一年后的庭院。树木枝叶越发浓密，庭院也逐渐被树荫包裹。每到秋天，变黄的朝鲜草坪与深绿色玉龙草便会形成极佳的对比效果。

用连廊与露台提升庭院的舒适度

最初，菱木先生修建的是一个融合连廊与露台的开阔型草坪庭院。连廊便于家人、孩子直接从屋内进入院子休闲玩耍。不过，由于院内仅沿墙栽种了光蜡树、小婆罗树，以及金桂和山荔枝，虽然冬季的庭院较为温暖，但一到夏季，西南方日照增强，就不免让人对庭院望而却步。因此，菱木先生提出建造一个能充分利用连廊、露台和庭院的杂木庭院。于是，他将造园工程委托给了松浦造园的造园师松浦亨。

首先，松浦在连廊及露台周围设置几个由枫树、枹栎及胶皮枫香树组成的植物区。如此一来，不仅连廊、露台周围呈现出枝繁叶茂的景象，就连房屋外墙也变得绿树成荫。

尽管院内广植树木，但松浦选择的都是在3m以上伸展枝叶的乔木，尽量不用遮挡视线的中型木，因此整个庭院显得开阔而明亮。而且，他还在杂木区下方种植浓绿的玉龙草，使其与周围草坪形成鲜明对比。

DATA
占地面积：480 m²
庭院面积：160 m²（不包括前院）
竣工时间：2011年3月
设计施工方：松浦造园（松浦亨）

在杂木庭院中生活

种有杂木的庭院，风格会发生明显变化。现在，我们能在柔和的阳光中充分享受休闲时光。无论是嫩绿的新芽还是艳丽的红叶，都是如此美丽。尤其是冬日雪景最为壮观，堪称大自然在每一年赐予我们的最好礼物。

或许是屋外树荫密布的缘故，我感觉屋内要比之前凉爽很多，真让人高兴啊！

主要植物

落叶乔木：枹栎、枫树、胶皮枫香树、山荔枝、白蜡树
常绿乔木：金桂、青冈栎
中型灌木：蜡瓣花（落叶树）、马醉木（常绿树）、吊花（落叶树）

由于仅在需要在个别位置种植杂木，所以整个庭院显得开阔而明亮。同时，还能在右侧菜园里栽种番茄、黄瓜、洋葱等蔬菜。

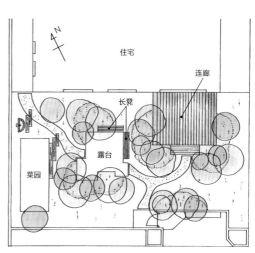

熊本县 寺本家庭院

天然树林环绕的别墅庭院

三角形屋顶的『登山小屋』和与周边环境融合的杂木庭院

历经10年
依旧美丽如初的
杂木庭院

　　住在熊本市的寺本先生购入了一块位于阿苏的别墅用地，此处自然景观十分美丽，距离熊本市的家仅需1小时车程。为能充分享受自然风光，寺本先生在此处建起一栋边长7.4m的登山小屋式住宅，同时开垦出大片庭院用地。随后，寺本先生将造园工程委托给了Green Life Koga的造园师古闲胜宪。同时，寺本先生提出要建造一个能充分展现周围自然植物的庭院。

　　寺本先生的家是样式简单的三角形屋顶住宅，一楼为房门口与停车区，二、三楼为居住空间，三楼上部为阁楼。

　　为了让汽车能直接由大门驶入停车场，古闲特意加宽了道路，并在甬路两侧用土将地面垫高40cm，方便栽种枹栎、野茉莉等乔木，同时还在树荫下栽种枫树、小婆罗树、马醉木。另外，他还在西侧庭院种了5棵枹栎，由于该树枝叶向上空伸展，因此树下还可栽种枫树、山荔枝、吊花等落叶树以及与之搭配的山茶、石楠、马醉木等常绿树。由此，便形成了酷似周围植物的常绿树与落叶树的混栽林。

　　通过控制树荫下枫树、小婆罗树及山茶的长势，可使其优美树形历经10年而不变，让柔美的庭院风格得以长久保持。

上/用仿真木栅栏圈出住宅用地，同时栽种与周围自然环境相同的植物，以使庭院风格更显自然。如此一来，庭院植物便与周围自然景物融为一体，整个视野显得极为开阔。

下/在住宅周围及道路旁栽种树木，浓密枝叶营造出幽深意境。

🍃 在杂木庭院中生活

　　退休之后，即使不是周末，我也会来到这儿修剪杂草及甬路两侧的树木。我十分享受这种环抱大自然的惬意生活。

主要植物
落叶乔木：枹栎、枫树、山荔枝、野茉莉
常绿乔木：青栲、青冈栎、山茶
中型灌木：落霜红（落叶树）、吊花（落叶树）、小婆罗树（落叶树）

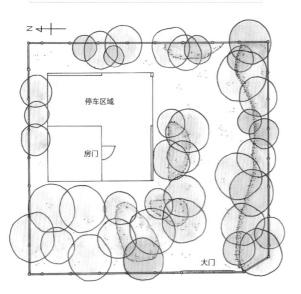

停车区域

房门

大门

DATA
占地面积：300 m²
庭院面积：240 m²（包括甬路）
竣工时间：2002年2月
设计施工方：Green Life Koga（古闲胜宪）

上/枹栎主干周长达60cm、树高可达10m左右，种于其树荫下的枫树枝叶颇为柔美，整个空间显得疏密有度、和谐统一。
下/特意加宽大门和甬路以便于车辆通行。为了不破坏周围的自然氛围特选用沙石铺路，甬路两侧的树荫也让人备感愉悦。

傍晚时分从连廊处眺望庭院。透过树叶的阳光洒满连廊，为整个庭院营造出安适、惬意的氛围。

千叶县　今西家庭院

在界墙环绕的狭长庭院中栽
种针叶树、枫树、枹栎以打
造舒适的木质露台庭院

有木质露台的舒适庭院

树木将
日照不足的狭窄庭院
变成宜居庭院

　　最初，今西先生曾询问造园师高田宏臣，"如此小的庭院也能成为休憩场所吗？"对方告诉他，"完全没问题！我们一定将它变成让您满意的庭院。"于是，庭院改造工程就此启动。

　　由于此狭长庭院的周围全是二层建筑，所以日照十分有限。

　　首先，高田利用长凳将庭院分成三个区域，然后逐一进行改造。

　　第一步，他先用木质露台将一楼的两个儿童房连接起来，并放置一些桌椅以将其打造成室外客厅。同时，他还在露台对面设计了一个主要景观——贝壳壁泉。

　　第二步，他在卧室前安置了两把长椅，并主要栽种一些常绿针叶树和枫树，由此这里便成了安适、惬意的休闲空间。树荫能有效遮挡夏季夕照，于是这里也成了傍晚纳凉的佳所。

　　最后，他在庭院东侧安置了两把小方凳。由于这里是冬季唯一有日照的地方，坐在这里欣赏庭院冬景也不失为一种乐趣。

精心设计的流线型木板墙成为庭院的绝佳背景。设置于日本山枫树下的砖制壁泉是庭院的主要景观，而贝壳状水池也显得十分可爱。

卧室前的庭院。庭院落成已有10年，院内的自然气息越发浓厚，让居住者倍感惬意。建院之初，树木的长势欠佳还时常发生病虫害，而且院内杂草丛生。现在不仅杂草已销声匿迹，就连树木也很少出现病虫害，这说明院内的生态环境已趋于良好。

DATA
占地面积：200 m²
庭院面积：66 m²
竣工时间：2002年2月
设计施工方：高田造园设计事务所
　　　　　（高田宏臣）

巧用少量树木为
庭院营造出幽深感

　　为了能让庭院更显幽深，需沿小路在屋旁及外墙处栽种树木，同时还要选择不同树种。

　　由于南向空间紧邻邻居，可设置一个遮蔽用木栅栏。同时，将栅栏上方设计成曲线也是为了与曲线型小路相呼应。

　　重点植物是两棵日本山枫。尽管树木不多，却也撑起了院子的大半绿荫。

　　同时，在屋旁的两个植物区内种上枹栎和白蜡树，如此便能从二楼客厅欣赏到树景。

左上/种于连廊一角的丛生型假山茶。该植物不仅将露台与庭院树巧妙衔接在一起，其纤细树干也十分优美，尤其是初夏时盛开的白花更让人赏心悦目。
上/由于露台的一部分伸入院内，因此尽管庭院较为狭窄，却依旧能得到一个宽敞的室外客厅。而且，邻家房屋也在枫叶的映衬下显得不那么突兀。
下/西侧景色。通过铺设环路使人们在步行时能欣赏到各种景色。在直线石板路的尽头是曲线的精装路，如此能让脚边空间更富于情趣。另外，在两个短凳上铺上竹板就变成了一个长凳。

主要植物
落叶乔木：日本山枫、枹栎、白蜡树、假山茶
常绿乔木：山茶、茶梅、吉野杉、日本扁柏
中型灌木：日本吊钟花（落叶树）、珊瑚木（常绿树）

🍃 在杂木庭院中生活

　　每当我清晨打开防雨门板时，都会看到不同样貌的庭院，真让人百看不厌！

　　躺在卧室前的长凳上，看着逆光中的枫叶是那么美丽，就连沙沙的树叶声也让人心旷神怡。哪怕只是呆坐在庭院里，心情都会觉得无比放松。

　　现在，我简直无法想象没有庭院的生活，而我在庭院里的时间也远远多于在屋内的时间。

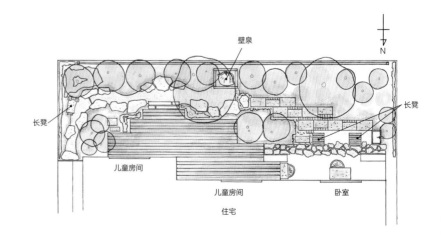

壁泉

长凳

长凳

儿童房间

儿童房间　　卧室

住宅

N

建造杂木庭院

ZOUKI
Natural Garden Space

通过栽种枹栎、栎树、日本山枫、山荔枝等树形自然的杂木，并充分发挥其特征，从而打造出极具山野风情的『杂木庭院』。

杂木庭院真正实现了人与自然的和谐共生。

只要能巧妙利用各种树木，即便周围空间有限，也能营造出丰富多彩的生活环境。

正因如此，杂木庭院才会越来越受到人们的青睐。

为什么人们会对杂木庭院喜爱异常

最能勾起我们乡愁的就是山间的优美风景，因为日本人本身就生活在与大自然对抗、共存的状态中。

从前，我们的周围有野山，有田地，能充分体会到四季变换带来的不同感受。

我们能在水田里玩得不亦乐乎，能在河里抓鲫鱼、泥鳅、青鳉鱼和小龙虾，还能在田野里追逐飞蝗、螳螂、蝴蝶和蜻蜓。暑假时，我们还会和小伙伴在天亮前分头进入杂木林捕捉独角仙和鹿角虫。

对于多数成年人而言，这就是关于童年的美好记忆。阳光、树木以及各种生物共同构成的美丽风景让我们久久难以忘怀。

与大自然相伴的生活成了印刻在我们每个人心中的最美风景。

即使是现在，在广为传唱的小学歌曲中还能生动再现出这种风景。

"春来了，春来了，知何处？"
"来到山间，来到村庄，来到田野。"
"映照在秋日夕阳中的远山红叶浓淡相宜，"
"枫树、常春藤将松林装点得绚丽多姿，为山脚镶上美丽的裙边。"

现在，那种能随时亲近自然的生活已逐渐远离，而畅游山间的快乐时光也一去不复返了。

被孩子们追逐的红蜻蜓

割稻时的谷地田（谷津田）风景

生出嫩芽的杂木林

装点秋日山路的胡枝子花

冬季的杂木林

近山新绿

杂木庭院的益处

在我们的生活环境与自然之间的联系日渐淡薄的同时，有越来越多的人表现出对杂木庭院的极大兴趣。虽然经济的发展和生活方式的转变使我们与大自然渐行渐远，但是很多人仍设法在当前的生活环境中重新构筑起这种亲密关系。

"与各种生物为伴，感受四季的流转"——这种环境不仅利于孩子的健康成长，也能滋养我们的身心，可见杂木庭院有多么重要！

生机盎然的杂木庭院在每一天、每个季节都发生着变化，为我们营造出景物丰饶且极具生命力的居住环境。

也许在将来，杂木庭院的功能之一就是在住宅用地内打造出多彩而真实的自然环境。

亲近大自然的生活环境不仅是孩子们发现、学习各种事物的有趣课堂，还是大人们丰富心灵、涤荡心尘的休闲佳所。

正因为杂木庭院并非人工雕琢而是浑然天成的，所以越来越多的现代人才会对它喜爱异常。

生机勃勃的杂木庭院是孩子们最爱的游乐场

沐浴着冬日暖阳的山间小路

撩动乡愁的风景

夏季的杂木庭院。种于屋旁的杂木能有效遮挡墙面及窗边的直射光线。

冬季的杂木庭院。照进窗边的阳光让屋内备感温暖，由于绿植能有效吸收日照及墙面的反射热，所以在这里晒太阳最舒服不过！

将来的杂木庭院

巧用树木打造出舒适的现代化居住环境

利用树木改善微气候的原理

改善住宅微气候的植物应达到夏有树荫、冬有暖阳的效果，因此落叶乔木是首选树材。

通过树叶改善微气候

为了使居住环境要素之一的树木能够茁壮生长，首先应了解一下树叶改善微气候的原理。

如图1所示，树木通过3种途径在夏季为住宅营造阴凉环境。

1 遮挡直射光

树木枝叶能有效遮挡夏季猛烈的直射光，形成树荫从而降低地表温度。

城市里夏季之所以感觉格外炎热是日照直接散发的热量（直射热）与日晒的道路、地面等反射的热量（反射热）互相叠加的结果。

树木枝叶能遮挡夏季直射光，从而抑制地表及房屋墙面的温度上升，两者的叠加效应导致日照处与树荫处的体感温差远高于实际温差。

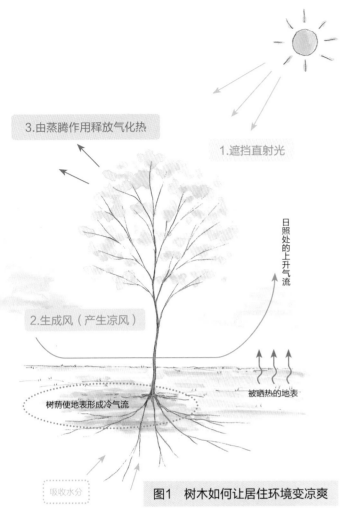

3.由蒸腾作用释放气化热

1.遮挡直射光

日照处的上升气流

2.生成风（产生凉风）

树荫使地表形成冷气流

被晒热的地表

吸收水分

图1　树木如何让居住环境变凉爽

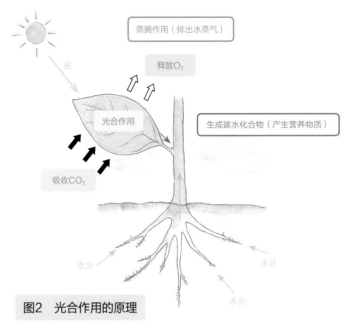

蒸腾作用（排出水蒸气）

释放O$_2$

光

光合作用

生成碳水化合物（产生营养物质）

吸收CO$_2$

水分

水分

水分

图2　光合作用的原理

进行蒸腾作用的树木就是天然空调。

杂木能有效缓解夏季时窗边及墙面的日照强度。

2 生成风

在夏季，树荫处与直晒处之间会形成较大温差，而温差正是生成风的主要因素。暖空气会由下至上流动形成上升气流，从而带动树荫下的凉气流动。

正因如此，我们在夏季经过树木葱郁的森林或公园时总感到凉风拂面。

3 由蒸腾作用释放气化热

叶片的细胞组织中含有叶绿素，而叶绿素能在阳光的作用下将根部吸收的水分和叶表气孔吸收的二氧化碳（CO$_2$）通过光合作用生成植物体生长所需的碳水化合物。同时，这个过程还会释放出氧气（O$_2$）和水蒸气。其中，将水蒸气通过气孔而释放到空气中的过程称为"蒸腾作用"。由于蒸腾作用释放的水蒸气量是由树木打开或关闭气孔而进行调节，所以蒸腾作用不同于单纯的蒸发作用。

植物由根部吸收的水分除一部分用于光合作用外，大部分都通过蒸腾作用从气孔排出。这是植物为了避免在直射光下叶片温度过高而进行的自我调节。

天气越炎热，植物的蒸腾作用会越活跃，从而越利于降低周围环境的气化热影响。

树荫下之所以凉爽，不单是因为树冠能遮挡日照，而是枝叶的蒸腾作用起到了明显的冷却效果。因此，树木是最出色的"天然空调"。

可见，如果我们能在实际生活中有效利用树木，就一定能打造出健康、舒适的生活环境。

杂木庭院是现代人
利用树木的一大杰作

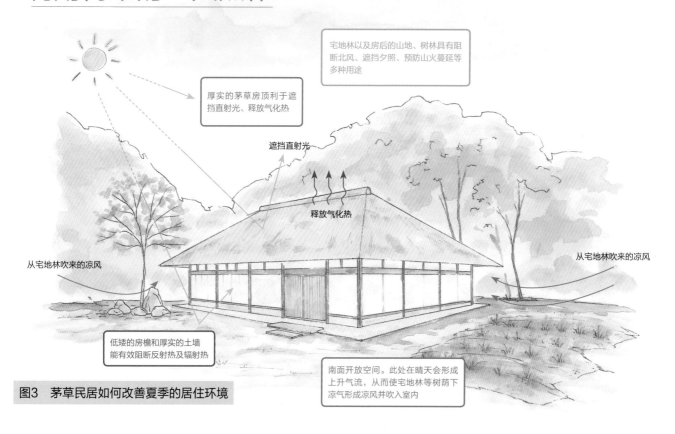

宅地林以及房后的山地、树林具有阻断北风、遮挡夕照、预防山火蔓延等多种用途

厚实的茅草房顶利于遮挡直射光、释放气化热

遮挡直射光

释放气化热

从宅地林吹来的凉风

从宅地林吹来的凉风

低矮的房檐和厚实的土墙能有效阻断反射热及辐射热

南面开放空间。此处在晴天会形成上升气流，从而使宅地林等树荫下凉气形成凉风并吹入室内

图3　茅草民居如何改善夏季的居住环境

现代住宅与过去民居的差异

1 古民居中的生活智慧

在没有空调等制冷设备的年代，人们在建造房屋及利用外环境改善居住条件方面积累了很多经验。

正所谓"建屋先思避暑"（兼好法师《徒然草》）。可见，自古以来日本人在建造房屋时就将如何有效避暑作为最重要的课题。

在讲解如何利用树木改善现代居住环境之前，首先让我们了解一下过去日本人在改善住宅环境方面的智慧。

图3是从前日本民居中最为常见的茅草房。

相信很多人都有过这种体验，当你在盛夏走入茅草民居就会感到阵阵清凉。可见，在这个没有空调的小民居中凝结着先人们关于"避暑"的高超智慧。

房顶的妙用

紧密叠在一起的厚实茅草铺在屋顶不仅能遮挡直射光，还能通过缓慢蒸发水分而吸收气化热，是夏季营造出凉爽室内环境的重要因素之一（照片1）。

日本现存最古老的民居——"箱木千年宅"（兵库县）。茅草屋顶下的低矮房檐遮挡夏季直射光，厚实的土墙还能阻断反射热，有效缓和日间气温变化。

过去生活中必不可少的地炉、炉灶不仅能用于做饭、烘干衣物冬季取暖等，还能薰干屋顶茅草以延长其使用寿命（照片2）。

在室内燃烧木柴或木炭时必须要排烟，而最为常见的竹帘天花板能使烟尘通过天花板排放到屋顶，也能将夏季的热空气排放到屋顶（照片3）。由于茅草能释放气化热，因此热空气既能得到充分冷却也能通过被称为"隔层屋顶"的烟道（照片4）转化为上升气流从而排放到空气中。

另外，厚实的土墙还能阻断地面反射的热量。

低矮的房檐能有效遮挡夏季直射光，房檐下的缘侧区域成了房屋与外界的缓冲地带，能有效阻断外部热气进入室内（照片5）。

在日照角度有限的冬季，阳光能通过南向后廊照进屋内。可见，该房屋具有夏季遮挡日照、冬季吸收日照的强大功能（照片6）。

缘侧的妙用

人们经常在连接屋内与屋外的区域设置宽走廊（回廊等）或窄走廊（常见于木板窗外）以阻断夏季直射光及周围的辐射热。同时，通过活动型隔断来保障室内通风。仅就房屋建造特点而言，过去的民居在充分利用自然资源的基础上，打造出夏能避暑、冬能保温（关闭隔断）的舒适居住环境（照片7）。

巧妙利用周围环境

更让人佩服的是，过去的民居能根据周围环境设计房屋格局，而且通过栽种树木形成"宅地林"来改善外部环境，从而进一步提升居住环境的舒适度。

宅地林的作用根据不同地区的气候、水土而有所差异，但一般都会设置在房屋的西侧或北侧（照片8）。

如果周围有山地或森林，人们在建房时会将房屋的北侧或西侧靠近森林，然后在南侧留出开阔空间。这种设计不仅能有效抵御冬季北风和夏季夕照，还利于在夏季蓄积凉气，可以说在改善住宅微气候方面发挥出了巨大功效。

而且，南侧庭院留出的充足空间可以晒粮、收仓、脱壳以及打年糕等。虽然有些庭院的一端少量栽种着柿树等实用型树种，但总体而言，大多数民居的庭院都留有宽敞的空间。

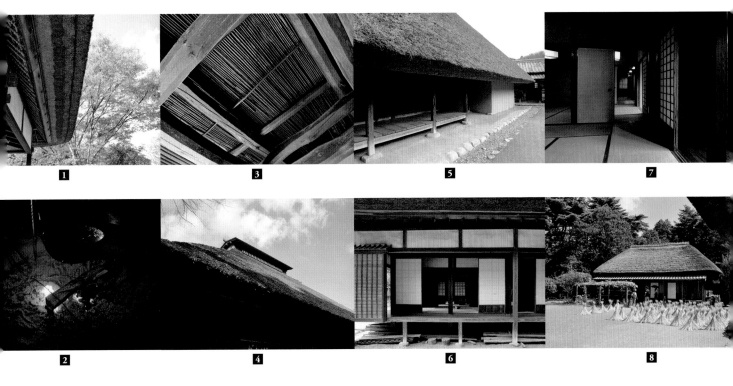

1

3

5

7

2

4

6

8

规划建设的新型住宅区，全部是排列整齐的二层住宅。

在紧邻道路的住宅区内，一栋栋房屋鳞次栉比。

2 现代分售式房屋

接下来，让我们了解一下目前常见于都市近郊的分售式住宅的特点。

在不断向郊外延伸的各种住宅区中，大多数房屋在建造过程中并未充分考虑如何有效利用外部空间来改善居住环境。

在密集的分售式住宅中，很多房屋的两个朝向甚至是三个朝向都没有能弥补室内环境的外部空间。

在夏季，邻近房屋散发的热量、墙面辐射热以及周围柏油路、水泥路的反射热无时无刻不侵袭着各家各户。

而且，柏油路、水泥路的蓄热性较高，一旦白天被晒热，即使到了夜晚也很难快速降低温度，从而导致街区的空气温度始终停留在较高水平。

因此，从前在夏季，每到傍晚气温降低，人们就会觉得很凉快。然而，在现在这种高密度住宅区中却很难再有这种感觉。

另外，由于现代二层住宅的房檐较短，使得夏季阳光透过窗户直接照进室内。而且，很多房屋的西向、北向紧邻邻居或道路，没有栽种植物的空间，所以也就没有能汇聚凉气的场所。

当然，现代人可以通过空调在隔断与外界联系的情况下提高房屋的阻热性，从而优化居住环境。然而，这种现代化手段会让街区环境和风景显得死气沉沉，进而降低居住者的归属感。

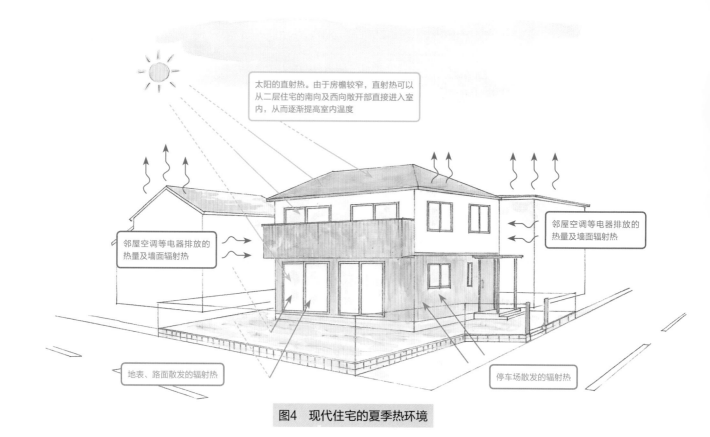

太阳的直射热。由于房檐较窄，直射热可以从二层住宅的南向及西向敞开部直接进入室内，从而逐渐提高室内温度

邻屋空调等电器排放的热量及墙面辐射热

邻屋空调等电器排放的热量及墙面辐射热

地表、路面散发的辐射热

停车场散发的辐射热

图4 现代住宅的夏季热环境

3 利用树木来改善环境

为了将来创建一个低碳环保、可持续发展的社会，我们必须重新思考现有的城市形态及居住环境。

其中一项重要内容就是打造出"将来的杂木庭院"，即通过有效利用树木功能营造出健康、舒适且广受人们喜爱的居住环境。

图5是住宅区植物分布示意图，通过栽种杂木来尝试改善图4住宅区的居住环境。

通过合理化种植，可以大幅改善现代住宅的居住环境。

栽种杂木3年之后，房屋西面呈现出绿树成荫的景象（照片9）。该房屋是使用自然干燥型木材建造而成的太阳能房，屋内并未安装空调。房屋西向和北向的杂木林能在夏季营造出舒适绿荫。

其实，即便是现代住宅也存在许多改善居住环境的有效方法。虽然在房屋设计及住宅区规划方面还存在着诸多问题，但我们可以尝试利用树木打造出舒适、美丽的居住环境。

房屋西面的树木能遮挡夏季夕照，给房屋周围营造出舒适绿荫。

利用外部植物可以阻断道路及邻屋散发的辐射热

房屋周围的落叶树能遮挡夏季直射光

将乔木作为主树有利于吸收冬季日照，从而让庭院更显明亮

图5　在图4基础上种植植物的示意图

考虑到一楼窗边树荫的变化情况以及实现从二楼、三楼窗户越过树木眺望景色而进行合理且实用的植物布局。

植物区下方是为居住者留出的平台及活动区域。如此设计不仅利于从室内观赏风景，其外部空间也更显幽深、惬意。

设计杂木庭院的注意事项

如何设计能充分优化空间？

建造庭院的目的因人而异。虽然造园师的任务是将居住者心中的理想庭院付诸现实，但就建造杂木庭院而言，有几个关键事项需要事先了解一下。

植物布局是重中之重

对于杂木庭院而言，室外空间也是居住环境的一部分。我们既然利用杂木营造出舒适的生活环境，就应该为了维护这个环境而及时养护树木。因此，我们必须了解房屋的布局、占地情况及周围景物，并设计与之相适应的植物布局。

如果烧烤台、环路、广场、露台等各种庭院景观没有依据植物情况而建，那就无法在庭院中营造出舒适、惬意的氛围。

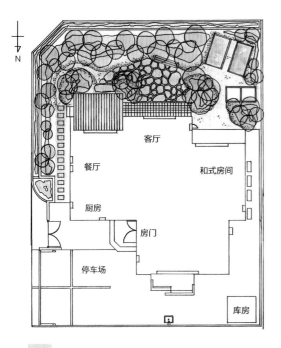

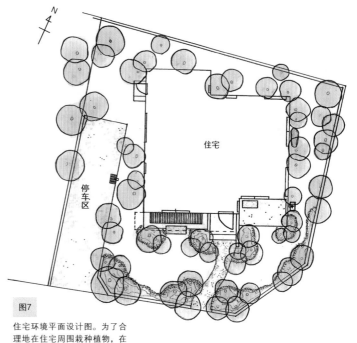

图6

U形房屋占地平面图。如图可见，不在北侧及西侧区域栽种植物，而仅在庭院南侧集中栽种。

图7

住宅环境平面设计图。为了合理地在住宅周围栽种植物，在规划房屋布局时就应充分考虑外部空间情况。其中，北侧、西侧及停车区周围都应规划出必要的植物空间。

图8

居住环境外部空间示意图。房屋及停车区周围的树木让整个居住环境如风景般优美。居住者不仅能从各楼层窗户欣赏到枝繁叶茂的景象，还能在夏季感受到树荫带来的凉爽。唯有合理化植物布局才能打造出如此舒适的居住环境。

为了营造出良好的居住环境，首先应考虑如何因地制宜地进行栽种布局（图6）。

如果只想着"将喜欢的树木种在庭院里"或是"要在空地种上树"，则很难营造出让人赏心悦目的环境。

为了将房屋与庭院融合成一体化的丰饶环境，必须在布局植物的同时设计一些能增加生活情趣的小景观，如此更利于营造良好的居住环境（图7、8）。

开始庭院设计的最佳时期

经常有人问我，"建设新居时，应从何时开始庭院设计？"我会告诉他们，"一般而言，为了打造出符合房屋特点、居住者需求及生活方式的最佳居住环境，最好在建筑设计的同时就开始进行外部空间（庭院）设计。"

而且，为了能在有限面积内进行合理化植物布局，不仅要考虑房屋及窗户的布局，还应顾及房屋周围的情况，因为这些对于打造良好的居住环境而言都是不可或缺的因素。

关于边界区及建造物
与庭院中间区的设计

从房屋的落地窗眺望过道。足边的巧妙设计可将人们从室内自然而然地引向庭院，因此落地窗便成了室内向窒外过渡的起点。

中间区是设计上的重要环节

房檐下、门廊、缘侧、落地窗以及中庭、露台、进入房间的连廊等都属于连接室内与室外的中间区域。

这类亦内亦外的空间在打造舒适居住环境方面能起到非常重要的作用。因此，我们在设计时必须充分考虑其实用性及与周围自然景观的相融性。通过内、外环境的巧妙衔接，打造出舒适而美丽的居住环境。

从前的日本住宅通过有效利用中间区而实现内、外空间的互补互用，从而营造出舒适的居住环境。其实，无论住宅还是庭院都在同一个居住环境中。为了提升住宅与庭院的联系，使二者整合为一体，我们应充分活用先人智慧以为有效改善现代居住环境。

只有实现住宅的内外环境之间、住宅与街区之间的协调共融、相辅相成，才能建设出更受人们喜爱的街区。

一打开房门，室外的美丽景色便涌入眼帘，让人不由地对庭院心生向往。（高野家）

宽大房檐下的门廊。这里是连接庭院、停车场一带活动线的起点。（高野家）

左/房门处过道。在三合土地面上铺上石块做成过道，房檐下的窄竹墙让周围景色更显凝练，让门口周围显得颇为雅致。（白须家）

下/由室内延伸至室外的缘侧也是中间区的一种。此处作为房屋的延长线，不仅便于人们出入，同时还能将室外的清新空气引入室内。（白须家）

左上/从门廊去往停车场的宽过道是三合土地面。作为主要的活动线，此处不仅宽敞易行还能欣赏庭院风光，可谓一举两得！（高野家）
左下/窗户是连接内、外空间的边界区的一种。透过窗户能看到引人入胜的景色，堪称打造舒适居住环境的点睛之笔。（高野家）

各方位的
植物布局

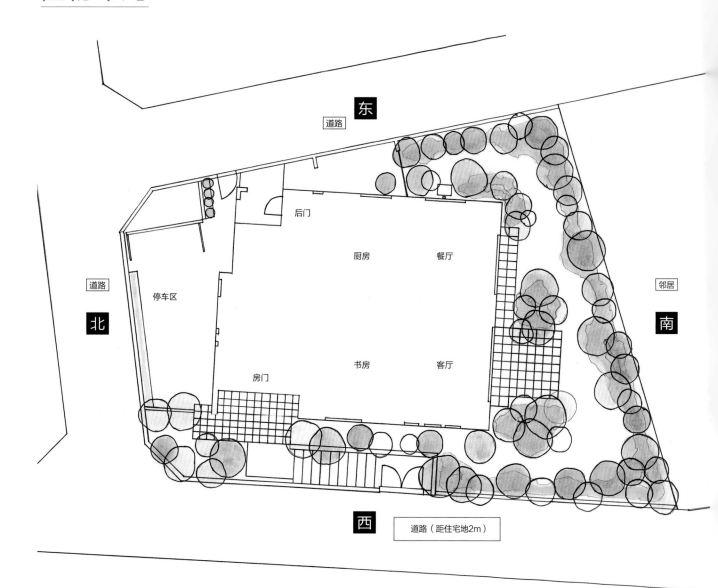

道路

东

邻居

南

道路

北

停车区

后门

厨房   餐厅

书房   客厅

房门

西

道路（距住宅地2m）

图9   位于东京都练马区的住宅占地平面图

开始庭院设计的最佳时期

如果想在一般性居住空间内最大限度地发挥出树木的功效，就必须有效利用屋外东西南北各方向空间。换言之，将来的杂木庭院就是要在内、外空间相辅相成的基础上，建造出舒适、宜居的环境。

为了能在都市狭窄的住宅区内打造理想的居住环境，在规划绿植时应尽量在房屋周围各方向栽种，以有效充实居住环境。

尤其在房屋密集的都市，由于房屋与植物之间的距离较近，在规划时更应充分考虑每个方向的植物分布。

由图9可见，庭院的边界线和住宅的边界线并不平行，而是呈现不同夹角。正因如此，才为植物留出了一定空间，从而能在都市的有限空间内提升环境品质。

另外，在布局植物时，还可以房屋窗户为中心进行规划，这也是打造良好居住环境的重要一环。

位于二楼窗边的植物
能有效柔化窗外街区风貌

栅栏旁的植物能有效遮挡外部视线

照片1 东侧植物

上午的阳光可以通过房屋东侧窗户照入室内。如果早晨睁开眼，就能呼吸到室外清爽的空气，感受到明媚的阳光，那么一整天的心情都会非常好。对于那些紧邻街道或邻居房屋的住宅而言，在规划植物种植时要考虑到视线遮挡作用。同时，还要让树木在夏季形成遮挡日照的树荫。

从图10和照片1中可以看出，东侧植物空间的高度约为2.5m，可以遮挡一楼客厅窗户及二楼卧室窗户。一般而言，人们会在早上打开卧室东侧窗户，直到傍晚时再将其关闭。因此，此处的植物既要能遮挡夏季的日照，还要让冬季室内阳光充足。所以，在二楼窗户正面栽种落叶型乔木，并使其枝叶靠近窗户是绝佳选择。

另外，为了不影响一楼客厅东侧窗户的开阔视野还能有效遮挡周围视线，可以在栅栏处适量栽种一些外观轻盈的常绿树。这些常绿树的高度可根据具体情况而定，一般控制在2~3m，只要能达到遮挡行人视线的高度即可。

对于狭窄的住宅环境，如果一味考虑树木的遮蔽效果而修建浓密的树墙，就会严重影响房屋的开阔感和采光，同时还会破坏整个庭院外观的连续性。

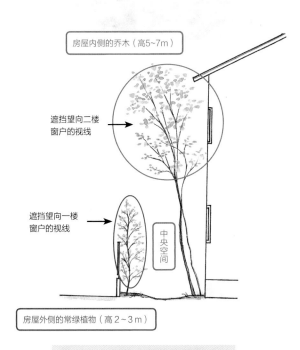

房屋内侧的乔木（高5~7m）

遮挡望向二楼窗户的视线

遮挡望向一楼窗户的视线

中央空间

房屋外侧的常绿植物（高2~3m）

图10 东侧窗户周围的植物分布

左/落叶乔木和常绿植物之间的庭院小道。

右/冬季树叶凋落，阳光透过树木照进窗户。

所以，住宅外周植物要显得轻盈一些，能让人们透过树枝看到外部景色。反之，如果在狭窄空间内密植树木，势必会让居住者感到压抑、沉闷。

在狭窄空间内规划植物时，不应种植密植型树墙，而应该打造极具立体感的植物区，以让居住者透过枝叶欣赏到外部景色，从而提升居住环境的舒适感与开阔感。

照片2　南侧庭院

一南侧植物一

照片2房屋是以南侧空间为主的庭院，同时二楼各房间的主要窗户也都朝南向。

位于客厅窗户前方的花砖平台是连接住宅内外空间的中间区，也是进入庭院的起点，可谓是构成庭院景观的重要元素。

房屋周围植物以平台及门窗区域为中心进行布局，同时确保与外周树木的相融性及延续性，从而打造出幽深、安适的庭院氛围。

一般而言，南侧庭院常作为室外客厅或是主要的室内观景区。为了能给室外客厅营造出安适氛围，在平台两侧栽种植物是一种巧妙的方法（图11）。如此一来，这些树木就成了二楼窗边的近景植物，居住者不仅能在窗边欣赏树叶摇曳的美景，还能在平台上享受绿荫。

在夏季，南侧植物会在住宅周围形成浓密树荫，降低地表温度，从而让室内变得凉爽。

另外，房屋周围植物也为一楼窗边平添了几分景色。将中型木与灌木组合成轻盈、通透的植物区，从而让窗边景致更显丰润（照片3）。

由乔木、中型木及灌木组成的植物群是一楼窗边的一道风景。

照片3 栽种在平台两侧的植物。

图11 平台两侧植物模式图

使东院与南院相连,从东院眺望南园时便能看到房屋周围树木以及与之连成一体的外界景观,庭院也更显幽深(照片4)。

有重点地布局植物,在保持连续性的基础上才能形成树木延绵不断的视觉效果,从而让人有置身于苍翠森林之感。

沐浴着阳光的室外客厅是整个庭院的主体,通过巧妙利用树木产生的距离感就能在有限空间内营造出舒适的庭院氛围。

照片4 从东院眺望南院时,树木自然连成一体,让庭院更显幽深。

一
西
侧
植
物
一

在炎炎夏日，南侧房檐能遮挡高角度日照。不过，由于夏季平均气温较高，并且低角度的夕照会从下午开始直射房屋外墙或从窗户照进室内，从而升高室内温度。

因此，要想利用自然资源打造宜居环境，重中之重就是合理规划西侧植物。

如图12所示，在西侧空间主要栽种包括乔木及中型木在内的各种落叶树，这样既可抵御夏季夕照，又能享受冬季光照。通过巧妙利用树木打造出"冬暖夏凉"的居住环境，实现人与自然的和谐共生。

照片5中，西侧植物的生长宽度应控制在50cm~1.5m，由于道路距离住宅占地有2m，因此要树木枝叶不会对行人造成影响，同时还能有效遮挡夕照。

如照片6所示，在一楼窗前种植一些通透性好的常绿树不仅能起到一定的遮挡作用，还能美化二楼窗边景致。

在西侧设置植物区能有效遮挡夏季夕照，同时还可设立一个大型院门，让冬季的阳光穿过大门照进室内。

照片5 西侧植物。

照片6 在庭院西侧设置植物区能有效遮挡夕照，还可在此安装一个院门。

在现代化高密度住宅区里，很多房屋的西侧及北侧区域根本没留种植空间，人们只能在东侧或南侧区域内建造庭院。因此，很多人为了避免夏季夕照，只能减少西侧窗户的数量，如此一来也隔绝了冬季的温暖日照。

所以，为了让居住环境同时满足"夏凉"与"冬暖"，应在西侧设置院门，同时在窗边设立植物区。

图12 西侧植物群模式图

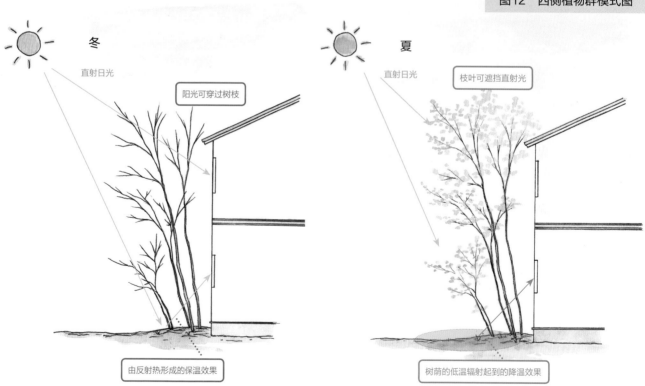

冬　直射日光　阳光可穿过树枝　由反射热形成的保温效果

夏　直射日光　枝叶可遮挡直射光　树荫的低温辐射起到的降温效果

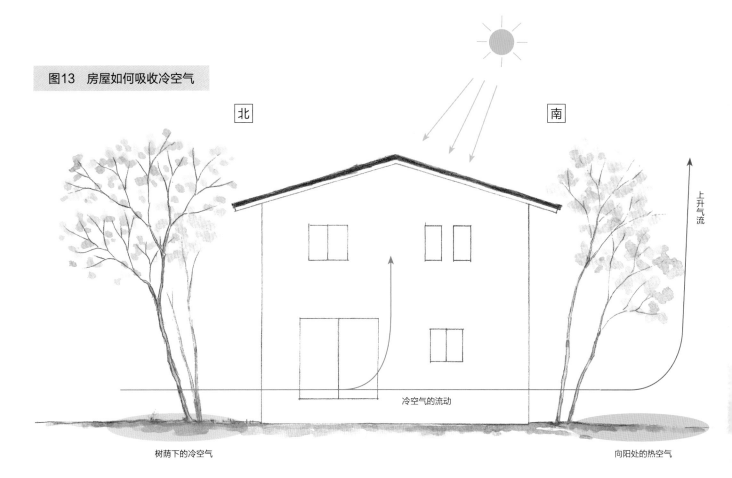

图13 房屋如何吸收冷空气

北

南

上升气流

冷空气的流动

树荫下的冷空气

向阳处的热空气

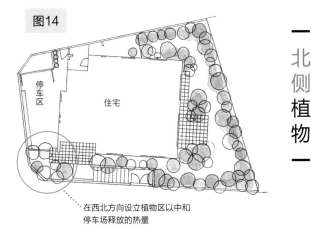

图14

停车区

住宅

在西北方向设立植物区以中和
停车场释放的热量

一
北
侧
植
物
一

北侧植物与西侧植物一样，为在夏季营造凉爽气候起到十分重要的作用。

虽然北侧属于房屋的背阴地，不过在夏季正午，二楼屋内只能有1m左右的背阴区。

如果按图13所示在房屋北侧栽种树木，由此形成的大片树荫能有效降低地表温度进而降低空气温度，而冷空气会在南向日照引起的上升气流的引导下经由北侧窗户进入室内。

此种设计方法在从前的日本民居中十分普遍，很多民居的北侧及西侧都紧靠树木。

北侧及西侧的树木不仅能在夏季制造阴凉，还能像防风林一样抵御冬季的猛烈寒风。

不过，当今住宅的实际情况是必须在有限地的面积规划出停车区，想让东西南北各方向都达到理想的住宅标准实非易事。

如图14所示，通过在西北侧设立饱满的植物区而有效中和停车区水泥地面在夏季散发的热量。

最近，很多住宅都提出"高绝热性""高密闭性"的理念，很多人认为高效使用空调就能打造出节能环保的居住环境。然而，这种生活方式不仅进一步加速了人与自然的决裂，还会让街区环境更加恶化，从而加剧城市的热岛现象。最终，人们会漠然习惯这种死气沉沉的居住环境。

近年来，一些人在回忆过去的生活经历时不觉牵动起乡愁，于是他们在有效利用当地气候、水土条件的基础上打造出舒适宜居的环境，同时还通过不断学习先人的智慧尝试利用自然资源来改善自己的生活环境。

利用树木打造美丽、舒适的杂木庭院已成为越来越多的人心中的目标。为了能让东西南北各方向的植物都充分发挥出作用，合理规划植物区就显得尤为重要。

照片1　杂木林隧道。

树木组合

森林的立体化结构带给我们的启示

在杂木庭院内栽种树木时应避免单棵平面化种植，而是应将数棵或是十数棵树木讲行立体化组合种植。这种植物布局对于打造健康、独立的自然型居住环境是非常必要的。

那么，为何杂木不能像常见的庭院树那样逐棵排列种植，而应该以树群的方式种植呢？

如照片1所示，在绿意葱茏的杂木林中，紧密排列的树木构成了层次分明的立体空间，搭建起一条绿色隧道。仔细观察可以发现，林中的乔木、中型木、灌木以及林床植物各自占据着相应空间，从而形成了立体化的森林结构。唯有此种结构，才能衍生出自然且健全的森林形态。

无论是人工林还是天然林，要实现健全的森林形态就要打造"多物种共生的自然环境"。

如图15所示，健全的森林形态的主要特征是"形成立体化结构"。

首先，伸展于最上方的乔木枝叶能有效减弱射入林中的直射光。同时，乔木下方的枝叶会由于光照不足而枯萎，从而在撑起开阔而稳定的树荫的同时，给稍矮一些的植物留出了生长空间。

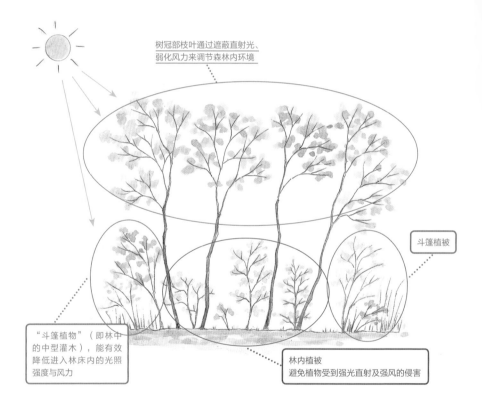

树冠部枝叶通过遮蔽直射光、弱化风力来调节森林内环境

斗篷植被

"斗篷植物"（即林中的中型灌木），能有效降低进入林床内的光照强度与风力

林内植被
避免植物受到强光直射及强风的侵害

图15　健全的森林形态

那些适合此环境的树木能通过吸收叶隙光生长，其树形也较为清秀。同时，林床中还广泛生长着各种杂草和苔藓植物，从而逐渐形成层次分明的植被结构。

位于森林边缘的是被称为"斗篷植物"的向阳植物，它们能有效抵御吹入林内的强风，让林内常年保持湿润、凉爽的环境。不过，这些斗篷植物无法在树荫密布的林内生长而只能长在森林边缘。

多样化森林中生长着多种生物，由此产生的生物拮抗作用能有效抑制特定病虫害的大规模爆发。如此一来，树木在竞争生长的同时还能充分改善林中环境，由此让健全的森林形态得以长久保持。

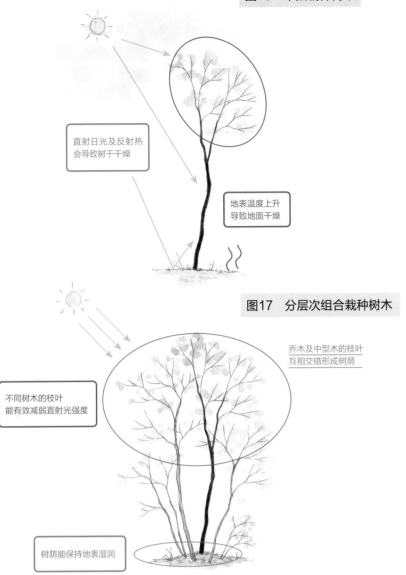

图16　单独栽种树木

直射日光及反射热
会导致树干干燥

地表温度上升
导致地面干燥

图17　分层次组合栽种树木

乔木及中型木的枝叶
互相交错形成树荫

不同树木的枝叶
能有效减弱直射光强度

树荫能保持地表湿润

图18　将健全的森林植被微缩于住宅环境中

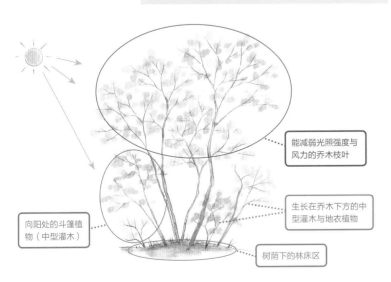

能减弱光照强度与
风力的乔木枝叶

生长在乔木下方的中
型灌木与地衣植物

向阳处的斗篷植
物（中型灌木）

树荫下的林床区

打造健全的树木组群

建造杂木庭院的首要目的，就是有效利用树木来改善居住环境。

如果为了营造绿荫而将单棵树木移植到荒漠般的城市中，那么直射光及地表反射热会不断夺取树干中的水分，并最终导致树木伤损（图16）。

被现代化设备包围的夏季都市，不仅让人备感辛苦，同样也让树木难以忍受。

生长在这种环境中的树木会逐渐衰弱，从而丧失抵御病虫害的能力。如果此时病原菌、害虫一起侵害树木，其结果可想而知。

因此，我们应分层次栽种树木，让不同树木互相守护彼此的生长环境（图17）。唯有如此，那些生活在都市的树木才能健康生长。

首先，通过高大的乔木枝叶遮挡直射光，然后在其下方栽种一些中型木和灌木，它们能遮挡斜照在乔木枝干上的日光。另外，在树荫下栽种一些低矮灌木、杂草，能有效抑制地表温度上升，从而间接活化土中的微生物。

其次，在林边向阳地栽种杜鹃、日本雪莲类、马醉木、棣棠等向阳性中型木及灌木作为斗篷植物，让林内环境更加稳定（图18）。

只有充分模仿天然林的植物结构，才能打造出健全而且独立的庭院环境。

照片2 杂木庭院。

连片树木构成的美丽景致

对树木进行重点化布局能让庭院更显开阔。如照片2所示，连片栽种树木不仅让庭院更显幽深，还能让人们透过树木欣赏到整个庭院的景色，以此提升开阔感。

照片3是从缘侧透过植物欣赏庭院。

由于庭院植物是将天然树群进行凝缩与再现，所以应打造出疏密有度的空间。微风轻抚、洒满斑驳阳光的连廊会成为休闲佳所，让居住者备感安适。

而且，连片树木的枝干彼此相接，让人仿佛置身于茂密的森林中（照片4）。唯有连片树木才能带给人如此真切的感受。

照片5是绿意盎然的杂木林。天然树木很难单独生存，唯有与周围树木形成"互竞互助"的共生关系才能茁壮生长。

为了让杂木庭院美化生活环境，我们应充分利用树木资源。

照片3　从缘侧欣赏庭院。　　　　　　　　　　照片4　连片树木。

照片5　杂木林。

照片6　植物群。

　　想要充分利用树木资源，就必须打造出人与树木和谐共生的关系。如果仅考虑让树木服务于人类环境而不顾及其生长状况，则很难让树木长期发挥其应有功效。

　　为了能让树木充分惠及人类生活，我们在进行植物布局时应尽量维持其天然林风貌，这也是大自然教给我们的组合植物的基本方法。

　　照片6是由若干树木组合而成的植物群。照射在林床上的阳光十分充足，随风摇曳的树叶发出沙沙声，就连树干线条也显得婀娜多姿。

　　可见，此种植物布局充分遵循了自然规律。

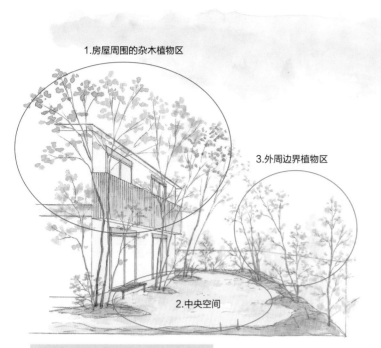

图19 围绕主园的3层空间设计

1.房屋周围的杂木植物区

3.外周边界植物区

2.中央空间

房屋近周、外周、中央的3层空间设计法

根据植物特点划分空间

下面,介绍一下普通住宅主庭院的树木布局及设置植物的要点。

这里的"主庭院"指的是"包括客厅、餐厅或和式房间等在内的主要活动房间的主窗外部空间"。

主庭院是室外活动的主要场所,同时也是提升室内舒适度的重要区域。通过在主庭院遍植绿树而体验到四季变换,那么我们的生活也会变得丰富多彩。

为了打造出层次丰富的庭院空间,最重要的就是进行合理的植物规划。

为了营造出安适的庭院氛围,在进行植物规划时可按照由房屋窗户到外周的顺序将庭院划分为3层空间(图19):

1. 房屋周屋的杂木植物区

2. 中央空间

3. 外周边界植物区

下面,根据每个空间的植物要点进行说明。

照片1 主窗两侧。

1 房屋周屋的杂木植物区

房屋周围植物是整个庭院植物的重中之重,这样说实不为过。

房屋周围的乔木枝叶可以将庭院的上层空间布满,从而形成广阔树荫,有效阻挡反射热进入室内。

此时,房屋周围植物布局的重点是主窗的两侧区域(照片1)。

从室内看,窗边杂木如同画框般将庭院景色框聚起来,从而让室外景色更显幽深。

从室外看,在树间若隐若现的房屋也呈现出安适、丰润的美丽姿态。

2 中央空间

被房屋周围植物和外周植物环抱的中央区域可不设置植物区,由此更利于打造良好的庭院环境。

我们可在此处设置草坪、露台及花坛等,总之可以根据自己的生活方式灵活利用这片空间。

位于庭院中央的明亮空间能调节整个杂木庭院的明暗度,从而给居住者带来一种开阔感。

向阳处及树叶遮挡所营造的斑驳光影以及各种幽暗树荫让庭院更显幽深。而且,随着日光移动,庭院内的光照和树荫也会发生变化,能让人感受到时光的悄然流逝(照片2)。

照片3　主窗前的植物区。

照片2　光与影。

照片4　向外伸展的植物。

在夏季，庭院内树荫处与向阳处形成的温差能促进空气流动，使得住宅和庭院更加凉爽。

3 外周边界植物区

庭院的外周边界部分也是必要的植物区，其主要功能是遮蔽来自庭院外的视线和柔化住宅地以外的城市环境特征，让庭院更具自然特征。

在杂木庭院中，外周植物不应以简单排列的方式种植，而是应该合理地整合成植物群。例如，在选择植物时可以有别于房屋周围的植物，让各种植物融合为一个有机整体。

如图3所示，让外周植物比房屋周围的树木更加饱满，从而在窗户正面打造一个丰饶的植物区，这样既利于从室内观赏庭院还巧妙美化了窗边景致。

打造外周植物区的基本原则是控制树木枝叶向外伸展的程度，我们可以在边界区栽种一些常绿树，然后背靠常绿树搭配栽种一些落叶树，并使其枝叶尽量朝住宅一侧伸展。

由此，就可以在主庭院内形成一条绿色隧道，从而让人们感受到置身森林般的乐趣。

如果庭院的边界区设置在住宅地以内，可以使树木枝叶充分向外伸展。如此一来，整个住宅外观要比仅环绕常绿树的庭院漂亮得多。

如图4所示，由于庭院邻近停车区并与道路相接，因此部分植物可以充分向外伸展。

在进行植物布局时，使树木以房屋为中心向外伸展能让房屋与树木自然融为一体，从而打造出生机勃勃的街区风貌。

如果能通过自家庭院为美化街区环境做出微薄贡献是非常了不起的事。同时，优美的居住环境也能催生出居住者对家庭及生活的满足感与幸福感，而这些正是蕴藏在所有家庭成员心中的美丽风景。

在优美的环境中生活是很多人的共同愿望。为了丰富街区风景、打造出备受人们喜爱的居住环境，我们在选择房屋外周植物时的确应该多花些心思。

杂木庭院
相关树种的选择

对于将来的杂木庭院而言，应该按照何种标准来选择树种呢？

最重要的是要了解在当地气候条件下适宜生长的各种树种。

将来杂木庭院的理念就是要重现身边的天然生态，并使其惠及我们的生活环境。

为此，我们不能仅依据个人喜好来选择植物，而应该在充分了解树木特征的基础上关注树木的生长状态来选择，从而打造出人与树永久和谐共生的居住环境。

闲置已久的杂木林逐渐恢复为原有的照叶林形态。

长期生长于寒冷气候中的夏绿阔叶林。

日本的气候、水土与自然植被

其实,杂木庭院也可以被定义为"亲近自然的庭院",因为它是以长期生长于当地气候条件下的天然林木为参考修建而成的。唯有茁壮的树林才能长期惠及我们的生活,同时为庭院打造出健全的自然生态系统。因此,我们应了解生长于当地气候、水土条件下的天然林情况。

首先,我们要了解什么是潜在自然植被,它是指在没有人力介入的情况下,在原有气候、水土等条件下稳定生长的植物。

以日本为例,除一部分高山地区外,日本列岛主要潜在自然植被分为照叶林带和夏绿阔叶林带。

所谓"照叶林"是指主要由栲树、橡树、红楠等常绿阔叶树构成的冬夏常青的林地(见下页图20)。

所谓"夏绿阔叶林"主要由山毛榉、脆栎等落叶阔叶乔木及树下生长的花楸树、羽扇槭等构成,由于山毛榉等落叶阔叶树的耐阴性较强,所以呈现夏有绿荫、冬有暖阳的森林形态。因此,夏绿阔叶林也是四季分明的高寒林地。

被夏绿阔叶林环抱的高原庭院。

以落叶树为主的非原生态杂木林,该林地经人工开垦实现了二次生长。

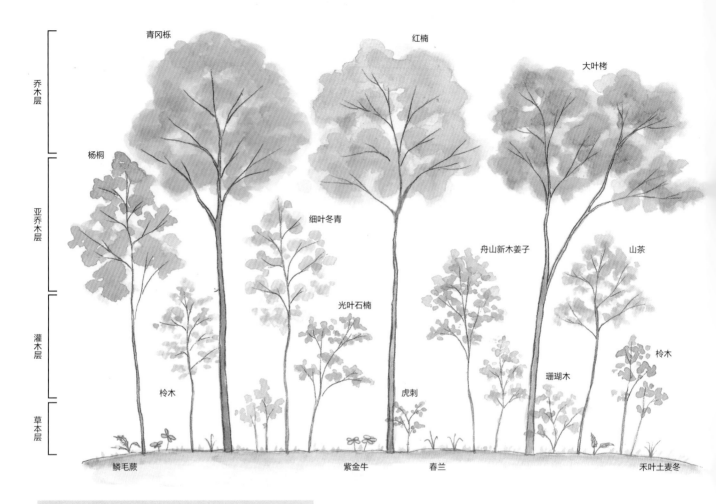

乔木层　亚乔木层　灌木层　草本层

青冈栎　红楠　大叶栲
杨桐　细叶冬青　舟山新木姜子　山茶
光叶石楠　珊瑚木　枸木
枸木　虎刺
鳞毛蕨　紫金牛　春兰　禾叶土麦冬

图20　照叶林（栲树、橡树林）树种构成示例图
（参照《日本植被图鉴》保育社）

在山岳高原以及日本列岛的高纬度地区，以上述落叶树为主的森林能呈现出一种天然的状态。如此凉爽而清新的高原环境让很多人心生向往，于是越来越多的人希望能建造此种风格的杂木庭院。

另一方面，自日本岩手县南部以南的沿海地区至关东全域以及关西、四国、九州的大部地区都属照叶林带，而且日本90%以上的人口都集中在这片潜在的照叶林带。

照叶林能在夏季多雨的温带气候中稳定生长，主要树种包括栲树、红楠、橡树等常绿乔木，与其他植物共同形成层次分明的浓郁森林。在照叶林中，乔木层、亚乔木层、灌木层、草本层与常绿阔叶树逐层分布在各自空间，通过绵延不断的世代交替维持稳定的生态系统。

适合栽种在居住区的照叶林树种

通过分析照叶林树种可以发现，大部分树种都曾作为宅地林以及庭院、住宅的外周林栽种。

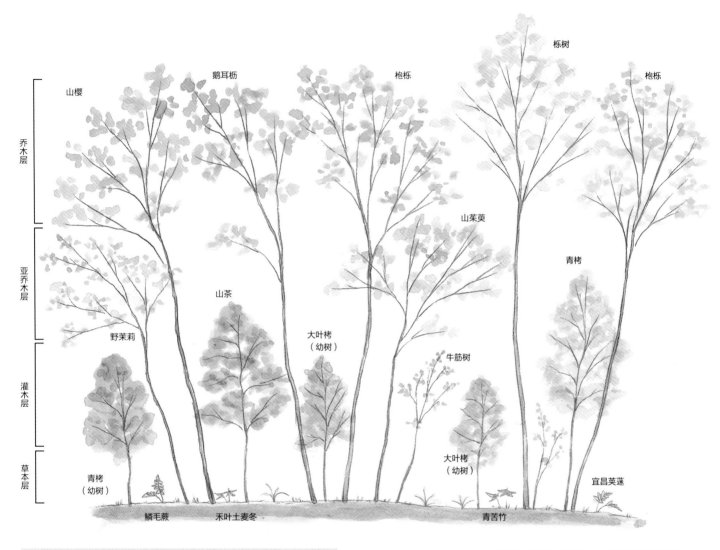

栎树

鹅耳枥   枹栎   枹栎

山樱

乔木层

亚乔木层

山茱萸

山茶

青栲

野茉莉

大叶栲
（幼树）

灌木层

牛筋树

大叶栲
（幼树）

草本层

青栲
（幼树）

宜昌荚蒾

鳞毛蕨   禾叶土麦冬   青苦竹

图21 再生落叶林（枹栎、栎树林）树种构成示例图

以枹栎、栎树为主的杂木林。当照叶林气候带恢复
为无人工的天然状态时，橡树、栲树等常绿树的幼
树便逐渐开始在林中生长。

其中，占据乔木层的橡树、红楠、栲树等树种作为宅地林能保护人们免受火灾及台风的侵害；生长在亚乔木层及灌木层的细叶冬青、厚皮香、罗汉松、山茶等作为庭院的主要树种而被人们长期选择。这些树木能在半背阴环境中稳定生长，是极好培养的庭院树。同时，由于它们适应于当地的气候环境，对于季节变化、自然灾害以及病虫害的抵御能力较强，因此能充分守护我们的生活环境。

回顾日本的庭院史不难发现，很多在照叶林带的庭院都会利用当地原有的天然树种来改善生活环境。

可栽种于杂木庭院的落叶树

常用于杂木庭院的枹栎、栎树等是近山的常见树种，那么这些与我们关系十分密切的落叶树是在何种条件下生长呢？

组成照叶林的天然林木经采伐后会逐渐消失，如果土地长期闲置就会再生出枹栎等落叶林，并最终形成我们非常熟悉的杂木林（图21）。

森林消失后会变成裸地，然后在数年间演化为草原，之后生长旺盛的落叶树会逐渐遮蔽上层空间并最终形成冬季落叶后让阳光直射的杂木林。

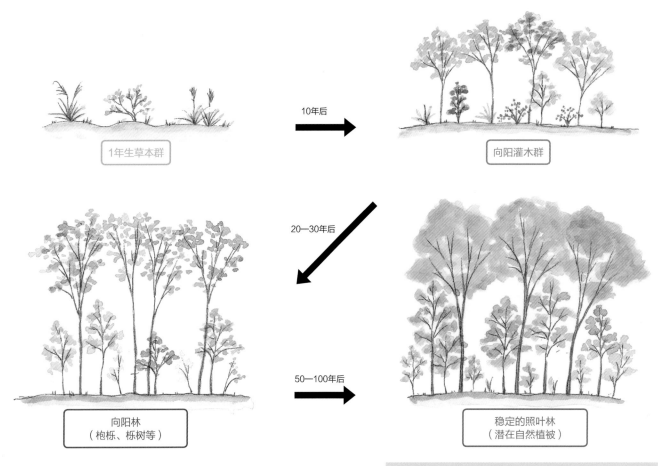

1年生草本群 　　→（10年后）　　向阳灌木群

（20—30年后）

向阳林
（枹栎、栎树等）

（50—100年后）

稳定的照叶林
（潜在自然植被）

图22　由裸地到潜在自然植被林的变迁过程

由于这些落叶林的上方枝叶会在林床形成树荫，从而影响向阳性落叶树的生长，最终稳定为以耐阴性强的栲树、橡树等常绿阔叶树为主体的照叶林。我们将这种植物区系的变迁过程称为"植被迁移"（图22）。

经人工采伐的照叶林被长期闲置之后会转化为常绿阔叶林，如果其中出现人为定期采伐，那么这种植被迁移过程就会被打断，从而变成以枹栎、栎树为主的再生杂木林（照片1）。

如果完全让树林保持其自然状态，它在恢复为原有常绿阔叶林的过程中必然会出现以枹栎、栎树为主的杂木林，它们也构成了我们最为熟悉的近山景色。

照片1　通过人为利用森林资源而得以长久维系的杂木林。

杂木的特性与功能

由于杂木生长旺盛、难于修理，而且难以在自然状态下长期生长，所以此前很少作为庭院树使用。而且，之前的庭院管理方法也不适用于杂木庭院，因此我们有必要了解一下如何选择这些被"闲置"的树种。

生长于温带气候区的落叶阔叶树长势十分旺盛，即使在夏季也能保持活跃的生长态势，因此能显著改善都市严苛的热环境。

在杂木庭院中尽享四季之美，无论是夏季绿荫还是冬季暖阳都让人感到无比惬意。可以说，杂木庭院就是现代居住环境中的一片绿洲。

人们都希望自己的庭院环境健康、氛围自然，无须过多打理就能为美化环境发挥出多种功效。为此，通过有效利用各种天然树木而打造出的杂木庭院就成了不二之选。不过，由于杂木属于天然树种，与此前常用的庭院树的特性完全不同，我们只有在充分了解其特性的基础上才能用好这些杂木。

此前日本庭院常用的庭院树（不含松树）与近年杂木庭院常用的落叶树之间有如下区别。

生长于温带性气候的庭院树与杂木的区别		
此前的日本庭院（栲树、细叶冬青、山茶等）		杂木庭院（枹栎、红柳木、栎树等）
生长稳定	⟷	生长旺盛
可生长于背阴处	⟷	只能生长于向阳处
寿命较长	⟷	寿命较短
叶片厚实，具有抗风、防火等功效	⟷	叶片单薄且冬季落叶，不具有抗风、防火等功效
适应当地的气候水土	⟷	能适应当地的气候水土，但形态会发生变化
冬季呈现出苍郁的深绿色	⟷	冬季落叶，夏季打造凉爽、明亮的树荫

照片2 罗汉松、细叶冬青等照叶林中的中型木原本生长在树荫下，将其种于庭院向阳处后，不仅需要经常修剪枝叶，而且树木在夏季形成的树荫也十分有限，同时还易滋生杂草及病虫害。

打造自然、健康的庭院环境

如果想将庭院打造成照叶林气候带中生态系统稳定的庭院，就不能仅栽种落叶树，还应搭配种植细叶冬青、厚皮香、栲树、山茶或具柄冬青等当地原有的常绿阔叶树，由此形成适应当地气候水土的多层次植物结构。

将这些当地原有的常绿树种在枹栎等落叶杂木的树荫下，可以间接抑制常绿树生长，以此减轻管理庭院的难度。

传统的庭院都是将当地原有树种种在向阳处，通过后期剪枝、整枝来抑制树木生长，这要耗费大量的人力和物力（照片2）。

将山茶、具柄冬青、细叶冬青等作为潜在自然植被的常绿阔叶树种于杂木下方，以形成多层次植物结构。如此既能遮挡夏季不同角度的日照，还能抑制杂草生长。

只有将适应当地土壤环境的树种合理组合在一起，并用心打造出接近天然状态的稳定植物群，才能营造出健全的庭院环境。

组合树种时，既可以选择潜在的自然植被，也可以选择枹栎、栎树等可再生的自然植被，总之要参照当地的天然林树种进行选择。

同时，应将喜阳型树种和耐阴型树种有层次地组合在一起，使其能在各自空间内健康生长。

由枹栎、日本山枫、山茶、细叶冬青、柃木、三叶杜鹃等温带性气候树种构成的杂木庭院。通过利用当地树种，使庭院颇有本土风情。

将不同气候带的树木移入庭院时

在庭院中种植其他气候带的树木时，尤其需要多加注意。

例如，如果因为喜欢榉树林的氛围而在温带性气候庭院内种植山毛榉、花楸树等寒带性气候树种，会导致何种结果呢？

这些无法移动的树木会尽量适应新环境，虽然大多数树木不会马上枯死，但生长状况要比在寒带气候区时差得多。将树木突然移至不当环境中时，会使其生长过程承受较大压力，因此很多树木容易出现病弱的状况。

当然，树木对环境的适应能力也存在个体差异，也有一些树木的环境适应性较强。如果将树木从原有生长环境移至另一种环境中时，必须通过合理混栽帮助树木抵御热辐射和干燥的影响。

由照叶林带树木组合而成的常绿树与落叶树的混交林，在夏季为庭院营造出森林般的凉爽之感。

打造植根于当地的杂木庭院

　　树木是无法单独生长的，只有在一定的气候环境中借助不同树木，通过时而竞争、时而协作的群体化方式进行生长。

　　如果想打造出生机盎然的杂木庭院，选择植物时就应该以当地的天然树种为主。

　　此前，多数杂木庭院在设计时都以凉爽的寒带性气候的夏绿阔叶林作为主要模式。因此，小羽团扇枫、日本白蜡树等寒带性气候的落叶树就成为了杂木庭院的主要树种。

　　将来的杂木庭院主旨是为了重新找回失落已久的自然氛围，并使其充分惠及我们的生活。因此，我们不能仅满足于庭院外观的自然感，还要根据当地条件打造人与树和谐共生的生态系统，构筑纯天然的环境，唯有如此才能营造出一个充分滋养我们感官的自然环境。

　　基于此种理念建造的杂木庭院不仅能美化我们的生活环境，还利于维护地球环境及保持生物多样性。

　　为了能让大自然充分惠及我们的生活，如何实现与当地自然环境的和谐共生将越来越受到人们的重视。

遍布山野的杂木

上/位于阿苏附近的菊池溪谷的天然林。林中树木为了得到光照、占据生存空间而形成或弯曲或倾斜的各种树形，从而让伸展的枝叶更显柔美。这才是杂木林原有的自然健康状态。
中/宛如天然林的杂木产地，借助森林环境培育树形自然的树木。
下/将枫树、山矾、山茶等种于杉树树荫下，从而催生出柔美枝叶。

杂木型庭院树与普通庭院树的区别

为了建造形态自然的杂木庭院，所栽种树木的树形应保持在森林中生长的自然状态，即下部枝条较少而上部枝条充分伸展，从而让杂木树干的线条及枝叶形态更具自然美感。

然而，普通的庭院树多在向阳地区批量种植，由于日照充足，树木下部枝条过多，从而形成矮胖的筒状外观。此类庭院树的枝叶形态显得较为僵硬，丧失了树木原有的自然美感。

由于植物园较为重视生产效率，让所有苗木都接受同等光照，所以很难培育出树形自然的杂木。

很多人问我，"如果想打造森林般的居住环境，从哪里能购得那些树形自然的杂木呢？"

一般的店铺中所售的都是在植物园中批量种植的直筒型庭院树，对于想建造自然风格庭院的买家而言，这些树种远远不能满足需求。

以前，市面上的那些与常见庭院树树形完全不同的杂木是卖家去山里采来的。不过，如果挖掘速度超过大自然的修复速度，就会逐渐破坏森林的健全性，并最终导致森林荒芜。

近年来，在"杂木庭院热"的影响下，人们对自然型杂木的需求越来越多，很多"黑心"卖家在经济利益的驱使下进行盗挖及过度采挖，从而破坏了当地自然环境，因此很多地方自治体及各级地市只得下令严禁上山挖掘树种。

我们没有权利为了美化自己的居住环境而去破坏森林原有的生态系统。将来，用于杂木庭院的天然树种不能只依赖于上山挖掘，而应该谋求一种可持续生产杂木的方式。

到访九州为数不多的杂木产地

在熊本县阿苏市内有一片环抱于阿苏外轮山中海拔600m的土地，那里就是九州为数不多的杂木产地——Green Life Koga农场和杂木园。

其中，杂木园保持着天然林形态，以至于很多访客都很难想象这里是生产型植物园。

据说，这里此前曾是一片荒地。

种于此处的树木枝叶有充足的伸展空间，树形也十分自然。同时，树木互相交错形成树荫，能充分抵御酷夏日照及干燥的空气，使树木重现天然、健康的姿态。

树木在日照较强的旱田或市内环境很难保持健康状态。

Green Life Koga的董事长古闲胜宪先生告诉我："在批量化种植树木的日照型植物园中，树木很容易受到害虫侵袭，所以要定期喷洒农药。而在这里，几乎很少发生病虫害，所以也不用喷洒农药。"

由此可知，这里的树木之所以能健康生长完全得益于周围健全的生态系统。

在健全的生态系统中培育杂木

为了保证植物园的生产能力，可以将园中外观笔直、枝叶线条僵硬的杂木苗移栽至森林化杂木园中。再过2—3年，这些树木就能充分适应当地环境，其枝叶也会恢复为原有的自然形态。

人类就是在与各种动植物"交流"的过程中让身体更强健、心灵更丰富。其实树木也是如此，单棵树木或单一树种的树木是无法健康生长的，只有在与周围树木互竞互助的过程中，才能保持其原有的自然形态。

只有让树木在住宅环境中呈现出原有的自然形态，它才能充分惠及我们的生活。

用此种方法培育杂木能使其在健全的生态系统中健康生长。因此，今后庭院树生产者不能仅以机械化量产的方式来生产同等规格的树木，还应充分考虑生态系统对树木生长的影响。

近年来，在"杂木庭院热"的影响下，采自山间的杂木树种仿佛名牌商品一样广受人们追捧。为了打造出更多具有自然美感的住宅环境，我们必须在遵循生态规律和树木特性的基础上掌握可持续培育杂木的技术。

我们不仅要培育出健康的天然型树木，更要维护好树木赖以生存的自然环境。

同样，为了让这些树木惠及我们的生活，为我们营造出良好的生活环境，我们还应时刻关注树木的生长状况，打造出利于树木健康生长的庭院环境。

高田宏臣

上/为获得更多阳光而伸展的枫树枝叶显得格外柔美。
左/古闲树园的枹栎为获得光照与生长空间而充分伸展枝叶。为使树木重现其原有自然树形，必须整备出具有丰富生态资源的自然环境。
下/古闲树园的作业路是在杂木形成的隧道基础上修建。修建道路能使阳光照入上方空间，周围树木为获得光照和生长空间会在上空充分伸展枝叶。

右/Green Life Koga的庭院作品。高山家房门前的甬路。将天然林树种进行组合并直接引入庭院，由此能充分保持树木原有的自然树形。

树木让阿苏一宫门前町商业街
重新焕发活力

上/阿苏一宫门前町商业街。自13年前，居民们便开始逐年栽种树木，于是形成了现在的美丽风景。

中/在商业街上随处可见涌流的地下水，由于此处为出水基台，所以被称为"水台"。现在，流水潺潺、绿意盎然的商业街是阿苏神社参拜路附近有名的散步路，吸引着大批游客。

下/在町会副会长宫本一良先生（右）与杉本苏助先生（左）的共同努力下，街区变得绿树成荫。

从颓败的商业街变为观光胜地

最近，位于熊本县阿苏市的阿苏一宫前町商业街备受人们关注。无论何时，这条被各种美丽杂木环绕的商业街总是游人如织、热闹非凡。作为当地有名的观光胜地，该商业街每年接待游客的数量都在30万人以上。

然而，就在十几年前，这条商业街还是既无绿树也无游客、家家店门紧闭的状态。正如日本随处可见的那些因"过疏化"（由于人口减少而导致地方城市功能弱化）而被人们遗忘的街区一样死气沉沉。

3棵大樱花树是改变的开始

这条商业街开始种植树木是在平成11年（1999年）。当时，自昭和30年（1955年）起就在此经营店铺的杉本苏助先生在自家宅院内种了3棵大樱花树，由此也开启了改变街区面貌的新篇章。

关于当时的情景，杉本先生说道："在我让儿子继承店铺的那一年，突然想为街区做点事情以作纪念，于是就种了3棵樱花树。种上树后，街区氛围的确好了很多。后来我想进一步增加树量，就呼吁大家跟我一起种树。"

当时，作为町会副会长的宫本一良先生非常支持杉本的提议。

他说道："我们都希望街区能重新焕发生机，但我们乡下毕竟财力有限，于是我们就从植树做起。"

通过在有限空间内
种植杂木而振兴街区

然而，密集的商业街中几乎没有栽种树木的空间。

于是，各家各户便将店前的有限空间开辟出来，由宫本先生带头亲自动手挖开水泥和柏油，就这样通过不懈努力而逐步增加树木的数量。而且，这些工作全部由街区居民无偿完成。

宫本先生说："为改善自己的街区环境而进行义务劳动是理所应当的。如果没有大家的努力，这里也不可能焕然一新！"

后来，在阿苏从事杂木生产的Green Life Koga的古闲胜宪先生承接了种树一事。

对此，古闲先生说道："最初，杉本先生找到我时，我十分感动于他们对家乡的深厚感情，于是我开始无偿帮他们种树。我说服大家不要种小树，而应该栽种大树，但有些人对此并不理解。很多人担心大树的落叶会堵塞雨水槽和排水沟，于是我们逐家进行解释，终于在大家的协作下建成了这条漂亮的商业街。"

在街道两侧栽种大型树木时，不可回避的问题之一就是"落叶"。对此，宫本先生说道："落叶并非垃圾，只要有树就会掉树叶。其实，铺满落叶的街道也别有一番韵味，就连打扫落叶的人也显得格外美丽。人们上街打扫落叶的情景也构成了街区中一道亮丽的风景。而且，大部分居民都愿意主动打扫落叶，因为不愿打扫的人是不会成功的！"

他的坚定话语久久回荡在我耳边。如今，这里绿树成荫、游人不断，相信每个人都领会到了宫本先生所言的深意。

绿树让大家的心紧密相连

由于构成街区风景的大型树木并非人工培育的树木，而是极具自然风情的杂木，所以能让这条古街重新焕发生机。

古闲先生在十几年前梦想过的绿意丰饶的街区在如今终于变成了现实，就连颇具历史感的门前町也呈现出前所未有的热闹景象。

宫本先生告诉我，"这些天然树木与商业街的氛围十分相称。而且，我们不是将树种在路边，而是种在各家店铺有限的空地上，让树木枝条向路间伸展。于是，整个街道宛如一条绿色隧道。"

这条街种树的时间已有10余年，即使是现在，街区仍在征集合适的空地，以实现每年都能栽种一些树木的想法。

如果主街上没有栽种空间，就不断向周边拓展。通过一条商业街带动整个街区的发展，最终打造出绿树成荫、风景如画的街区环境。

宫本先生说道："总之，我们要在力所能及的范围内做些实事，不能只在心里想要建设美丽家乡与繁荣的街区。人要有梦想，更要努力实现梦想，同时还不能轻易满足于现状。为了让街区变得更美好，我们还要不断努力。"

接着，他又说道："树木真是好东西啊！古语有云'一年之乐需栽花，百年之乐当种树'。树木的确是惠及子孙的无价之宝。"

文：高田宏臣

上/种于路旁空地的树木逐渐连成一片，从而让街区景色更显丰润。
中/承担植树任务的古闲胜宪（左）与杉本先生、宫本先生是推动建设树林型城区的中坚力量。每当他们回忆起当时的情形，三人脸上就洋溢着幸福而满足的笑容。
下/绿色隧道下十分凉爽，那些坐在树荫下休息的人们也成了街中的一道风景。

狭窄但不失舒适感的杂木庭院

COMFORTABLE
SMALL Garden

3岁的咲良最喜欢自家庭院，
虽然它只是一个小庭院，但在
咲良眼中就是一个大森林，能
让她见识到各种昆虫

东京都 岩见家庭院

修建船形房屋并沿客餐厅建造杂木过院

上/建在停车场深处的杂木过院。这里也是通往客餐厅的过院，便于随时装卸货物。
右/将枕木、条石及黑色Pinkoro石（边长9cm的立方体花岗岩）与建筑物呈30°夹角的方式在树下铺成小路。

DATA
占地面积：93 m²
庭院面积：20 m²
竣工时间：2011年4月
设计施工方：藤仓造园设计事务所
（藤仓阳一）

房主将房屋设计委托给自己的朋友进行，让房屋外观极具造型感。庭院风格与住宅风格巧妙融合，岩见先生自入住以来，每天都能享受到庭院带来的乐趣。

宽2.5m、纵深11m的庭院

岩见家的住宅位于靠近市中心的住宅区，交通十分便利。整栋房屋占地宽为6.5m，纵深为14m。由于住宅的容积率高达50%，所以仅能在细长船形屋的南侧保留一块空地。在房屋一楼，厨房、餐厅、客厅呈纵向排列。

在南向空地紧邻道路的位置设置停车场，然后将里侧空间作为庭院。庭院的正面宽度为2.5m，纵深为11m，紧邻餐厅落地窗。

岩见先生告诉我们，"最初我计划修建房屋的时候，附近空地都已栽种树木，所以我曾想过通过借景的方式建造一个有缘侧的庭院……"没想到，后来这里都变成了住宅区，所以岩见先生也马上改变了原有计划，重新提出要修建一个树木型庭院，同时将工程委托给藤仓造园设计事务所的造园师藤仓阳一。

上/面向客厅落地窗的是一个宽阔的平台，平台铺设材料与树下小路相同，便于人们在此进行烧烤等各种户外活动。

右/沐浴在春光中的咲良和咲良妈妈。在树木稀疏处修起高1.6m的板墙以遮蔽外部视线。为缓解板墙带来的压迫感，特选用宽9cm和2.5cm的木板，以3cm的间距排列而成。

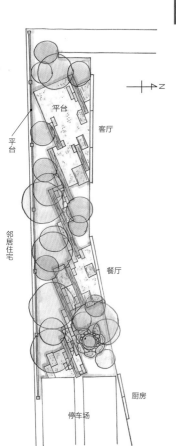

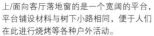

主要植物
落叶乔木：枫树、白蜡树、六月莓、野茉莉、水榆花楸、红柳木
中型木：吊花（落叶树）、具柄冬青（常绿树）

🌿 在杂木庭院中生活

我们的庭院每天都会随着太阳移动而呈现出各种姿态，就连雨天的湿润景象也颇为动人。去年，我们赶在鸟儿偷吃之前收获到一些六月莓和蓝莓，想在今年将这些果实做成果酱。

虽然我曾想过在院内修建缘侧，如今看来，现在的庭院更胜一筹啊！

由细干杂木构成的庭院

杂木过院是有效利用狭窄空间的典范。过院不仅能美化餐厅窗边的景色，还能将停车场、餐厅、客厅串联起来增加便利性。

不过，邻家房屋外墙距岩见家房屋仅有2m，对方的白色外墙不仅显得极具压迫感，即使作为树木背景也颇不自然。

于是，藤仓在边界处设置了1.6m高、11m宽的漂亮板墙作为庭院背景。同时，他在板墙附近设置了以枫树、黄花乌药、大柄冬青、六月莓等乔木为主的杂木区，并在住宅一侧种上了日本枫、野茉莉等植物。两片植物区域互相交错而形成了一条绿色隧道。对此，藤仓说道，"由于庭院空间非常有限，所以我严选了一些枝干较细且枝叶向上伸展的杂木，最终建成了这个小巧却不失舒适感的庭院。"

点缀着杂木的小路既具现代感又有和风气息。将枕木、黑墨石及黑色Pinkoro石以30°斜角排列方式营造出活泼的感觉。同时，在木石之间填上三合土，让外观显得落落大方。

前后摆放的两个船用灯为夜晚的庭院营造出温馨、安适的氛围。在日照较少的林床，紫萼、圣诞玫瑰、草莓天竺葵、麦冬等耐阴性地衣植物的长势极佳。

在44m²的空间内建造流水与杂木交融的舒适庭院

奈良县 星岛家庭院

从客厅望向庭院。面向庭院的全开放式落地窗将庭院景色尽收眼底。每逢秋季，照入窗边的阳光便将室内与室外自然地融为一体。

中意于司马辽太郎纪念馆的庭院

星岛先生决定趁着重新装修房屋的机会将庭院翻修一下。他之前参观司马辽太郎纪念馆时，非常中意那里的杂木庭院，所以决定按照其样式来建造自己的庭院。

当他通过庭院杂志寻找承接单位时，发现了东京造园会社。于是，星岛打去电话询问，结果对方告诉他，"由于公司距离您家太远，没法承接此次施工任务。不过，我们会为您介绍一位非常优秀的杂木造园师。"就这样，对方将位于京都的造园会社——庭游庵的造园师田岛友实介绍给了星岛先生。

田岛在星岛先生的带领下考察了庭院的具体情况，星岛先生提出，"想在庭院边上建一个隐蔽的大库房，而且要能从客厅及隔壁画室欣赏到庭院景色。"随后，他便将造园工程委托给了田岛。

解决好两个问题

该庭院宽11m，纵深4m，然而在庭院右侧深处有一个长2.1m，高和宽各为1.8m的铁制库房。另外，住宅房檐宽达1m，由于房檐下几乎不见雨水，所以无法作为种植用地。

如果想建造出星岛先生心理理想的庭院，首要任务就是解决好这两个问题。

经过细致考虑，田岛首先在库房外修起外观自然的"土筑墙"（夯实土做成的围墙），以使其与庭院氛围更相称。然后，他又在房檐下设置了曲线条木连廊，以便于居住者从屋内直接去往庭院，充分感受到庭院四季的美景。

庭院中的铺石路。将两条铺石路平行错开，以为院中更添情致。而且，石缝中的苔藓也颇为自然。

自然堆石区选用的是棱角分明的小松石。形态丰富的自然堆石不断改变着流水的轨迹，并使其发出悦耳的水声。

DATA
占地面积：173 m²
庭院面积：44 m²
竣工时间：2010年4月
设计施工方：庭游庵（田岛友实）

上/从庭院远望库房方向。置于正面的土筑墙成了庭院的美丽背景。该围墙高1.9m，能充分遮挡库房，同时不会给庭院带来丝毫压迫感。为了能让庭院显得宽敞，特意将小路宽度控制在40cm。

右上/庭院石与铺石路相接的部分。大块圆形庭院石与棱角分明的小巧"庵治石"（产于日本香川县高松牟礼地区的高级石材）铺成的石路相接壤，两种石材的对比显得相得益彰，让人赏心悦目。

右下/遮挡库房的土筑墙。由于该墙是用不同颜色的土夯固而成，所以呈现出自然花纹。在40cm高的连廊与小路中间填入30cm高的土，并栽上紫金牛。连廊与小路呈现出柔和曲线，显得格外雅致。另外，落于紫金牛丛中的落叶也不必太在意。

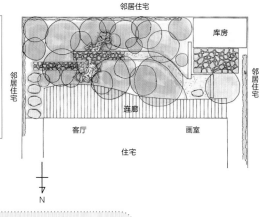

主要植物
落叶乔木：枹栎、白蜡树、 日本山枫 常绿乔木：青栲 中型木：夏茱萸（落叶树）、 忍冬（落叶树）、 黄花乌药（落叶 树）、具柄冬青（常 绿树）

打造多姿多彩的流水杂木庭院

为了让狭窄庭院更有魅力，必须设置几个吸睛景观。

于是，田岛决定在院中引入流水，并使其朝向客厅落地窗的正面，以便于人们从室内观赏。

首先，从树下堆石涌出的水流汇聚成细流，细流在流动过程中不断反射着各种光线，并逐渐流入铺石路下方。随后，再次涌出的流水沉淀为静谧的水潭，最终这个倒映着天空的水潭逐渐消失在连廊下方。

虽然流水水势纤弱，长度不过3m，但它丰富的姿态却为庭院增色不少，而且映入室内的波光也颇为赏心悦目。

另外，横断庭院的曲线园路依次变换为庭院石、两条平行的铺石路以及三合土路。如此设计不仅美观，还能让居住者感受到不同路面带来的乐趣。

同时，田岛在杂木植物方面也颇花了一番心思。首先，他在窗旁栽种粗大的枹栎以作为近景，由此与庭院深处的细干植株营造出透视效果。然后，他又沿小路栽种上树形清爽的枫树、白蜡树、吊花、黄花乌药等，为人们撑起一片林荫。此时正值秋季，尽染秋色的叶片将庭院装扮得更为雅致。

🍃 在杂木庭院中生活

春之嫩叶，夏之绿树，秋之红叶，冬之纤枝，这些景象让我们切身感受着四季变化，尤其是庭院的雪景最为美妙。而且，来此嬉戏的鸟儿也让我们备感惬意。就连水面反射到室内的光波也如此漂亮。这个庭院真让人百看不厌，也让我这个"宅男"变得更"宅"了。

火红枫叶和夏茱萸叶下的小路恰似秋日上的山路。为了便于人们行走，特意剪去树木靠下的树枝，只保留高于人们身高的树枝。由此打造的林荫路极具透视效果，让庭院更显开阔。

巧妙融入栅栏、甬路等人工建造物的和谐庭院

纵深2.5m、宽16m的杂木前院

东京都 山本家庭院

房门上的圆窗。映入窗内的树影，让人备感舒畅。

夕阳映照下的山本家住宅。栽种树高较高的枹栎、栎树等并使其枝叶伸展到二楼窗边，在枝叶的掩映下，窗部光线显得格外柔和。同时，门旁及自行车棚内的灯光也为夜色更添一抹温馨。

DATA
占地面积：165 m²
庭院面积：40 m²
竣工时间：2011年11月
设计施工方：藤仓造园设计事务所
（藤仓阳一）

上/从餐厅远望庭院。利用石臼和
秩父石做成的下沉式石盆状檐溜
让庭院风景更加凝练。同时，栽
种青冈栎、夏茱萸、枹栎等杂木。
照片中右侧房间为客厅。
中/将部分围墙缩进住宅边界内
侧，并在道路一侧种上树，由此
营造出绿意层叠的效果。使用清
一色的栅栏围墙会显得太过单调，
因此可以将部分围墙做成树篱（照
片左侧）。
下/自行车棚。车棚大小刚好够放
入全家人的4台自行车，同时在棚
顶铺上草坪。相信不久之后，这
些草坪就会变成生机勃勃的杂草。

> 🍃 **在杂木庭院中生活**
>
> 之前，我从未留意过树木发芽的过程。正
> 因为身边有了这座庭院，今年春天我有一次看
> 到了树木发芽。我发现，这些嫩芽每隔一两天
> 就会长大一些，真让人感动啊！
>
> 我想要一个视野开阔的大窗户，但又不想
> 受到外界视线的干扰。这座庭院不仅帮我达成
> 了这两个愿望，还巧妙化解了二者之间的矛盾。

让遮蔽用栅栏更具设计感

山本先生的住宅是一个房门面向街道的现代式分层住宅。

在餐厅中有一面1.8m×2.3m的窗户，在客厅两侧各有一面1.8m×1.5m的窗户，因此整个室内显得开阔而明亮。

不过，一旦住进来就会发现，路上行人能看清整个室内的情况，这让居住者深感不便。如果整日拉紧窗帘，又会白白浪费掉大好景致。

于是，山本先生提出要建造一个具有一定遮蔽效果且能让孩子们在树间玩耍的庭院。随后，他将造园工程委托给了藤仓造园设计事务所的造园师藤仓阳一。

藤仓勘察完住宅之后，认为住宅外观非常漂亮，应该打造一个与住宅正面风格相称的庭院空间。

如果选用单调的板墙作为挡墙会破坏住宅原有的美感，于是他先将餐厅外的栅栏从路边向内移动了55cm。然后，以此栅栏为中心，在其左侧和右侧分别设置高度1.1m和1.5m的栅栏并做出层叠排列状。最后，给栅栏刷上与住宅外墙同色系的涂料。

用植物将甬路、停车场、平台、过院串联起来

庭院的前园是一个宽约16m、纵深2.5m的狭长空间。其中，延伸至房门的甬路、停车场、自行车棚等都是必要的生活空间。

首先，藤仓用枕木、御影石（花岗岩）和Pinkoro石在甬路上修出3段平缓的台阶，再用三合土进行美化。

然后，他用枕木给草坪停车场做出车辙，并在停车场里侧设置一个草坪棚顶的车棚。

随后，他将平台前的地面下挖30cm，并设置一个下沉式石盆状檐溜以作为焦点景观。同时，由此处至住宅后方还开辟出一条"山间小路"。

另外，藤仓在栅栏旁及住宅外墙一侧设置了交互相接的植物区。浓绿的树冠连成一片，构成了舒适的生活空间。

杂木区以细干的枹栎、日本枫树、白蜡树、栎树为主，同时搭配种植一些灌木和杂草。由于中型木是在人们的视线位置伸展枝叶，所以不适于该庭院。最后，该庭院不仅绿树成荫，还显得非常通透、明亮。

上/新绿怡人的房门前。
左/由门前延伸的缓S形甬路。为了不妨碍人们出行，特选用在高处伸展枝叶的树种，因此树木外观显得挺拔而清爽。每到午后，映入室内的摇曳树影让人百看不厌。

左/围绕平台的木栅栏。完全遮蔽式栅栏不免让人产生压迫感，选用木板搭建起的间隔式栅栏能让挡墙外观更有活泼。
右/平台前的庭院，可由此处去往后园。两个孩子经常在种着枹栎、橡树和日本枫的起伏"山路"上玩耍。近前的是下沉式石盆状檐溜。

主要植物
落叶乔木：枹栎、栎树、枫树、长柄双花木、六月莓、夏茱萸、白蜡树、毛果槭
常绿乔木：青栲
中型木：具柄冬青（常绿树）

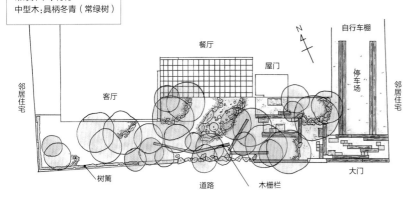

邻居住宅

客厅

餐厅

屋门

自行车棚

停车场

邻居住宅

N

树篱

道路

木栅栏

大门

小阳台上的
流水
杂木庭院

熊本县 荒木家庭院

浓缩于12m²阳台中的山景

造园会社Green Life Koga的造园师古闲胜宪先生告诉我，还有建于阳台上的杂木庭院。初闻此事，我感到将信将疑。

于是，我怀着既期待又怀疑的复杂心情，来到了这栋3层的重钢筋建筑面前，而古闲所说的庭院就位于2层阳台。

当我被领入客厅后，展现在眼前的是一整面墙的玻璃窗，透过窗户果真看到了一座像模像样的庭院。

庭院地面如野外般呈自然起伏状。其中，栎树、山荔枝、枫树、具柄冬青等杂木枝繁叶茂，林间还流淌着清泉。

无论是地面、流水上的石桥还是窗边的脱履石都覆盖着青苔，显得格外静谧。

该阳台正面宽5.6m，左右纵深分别为1.5m和2.8m。在如此有限的空间内竟然浓缩着近山的自然风光。

添加50~60cm的轻量土作为防水层

当时，接手该庭院的古闲最担心的就是"漏水问题"。首先，他在地面铺了一层胶状防水膜，为了万无一失，他又在防水膜上铺了20根吸水管。然后，他在吸水管上方再铺一层防水膜，同时添加50~60cm厚的轻量土。

荒木夫人告诉我，"当我们看到植物市场中的流水杂木庭院时，一下想到在阳台上或许也能修建这样的庭院，于是我们开始着手准备。"左侧大窗下的两个小窗是荒木夫人在庭院完工后为能充分欣赏庭院景色而后装上去的。

右/平缓的蛇形流水。在水岸两边密植栎树、枫树、山荔枝、山茶、具柄冬青等杂木，同时栽种蕨类、石菖蒲、紫萼、禾叶土麦冬等杂草。所用苔藓为大灰藓和疏叶卷柏。
下/阳台外观。

之后，古闲用水泥做出水道，用熔岩石做出岸边，再在水底铺上小石子以使其更具自然风貌。他在水岸两侧做出10~50cm高的起伏，并栽种枫树、具柄冬青等树干纤瘦、形态秀丽的杂木，同时在树下种上山粗齿绣球、大吴风草、禾叶土麦冬、石菖蒲等杂草以使整体外观更为自然。最后，古闲在轻量土上再铺一层黑土，以防轻量土被风吹走，再在黑土上种上苔藓就大功告成了。

将钓到的小鱼放入水中

在庭院竣工后的第三年春天，树木已充分扎根，不用担心会被大风吹倒。

重新添土的阳台庭院就像一个大花盆。也许是树木根部生长受空间所限，栎树、山荔枝、枫树等杂木都显得十分小巧，这也让居住者充分欣赏到树木的季节性美感。

尽管当时家人都认为在阳台上修建流水庭院根本不可能，但荒木夫人还是将工程委托给了古闲。现在，她终于拥有了自己中意的庭院，她在院内种上喜欢的桃叶灰木树苗以及各种杂草，同时还种上苔藓。荒木夫人告诉我，"坐在雅致的复古家具上，一边欣赏庭院美景一边吃饭，简直太惬意了！"

另外，荒木先生负责流水管理，他将钓到的雅罗鱼放入水中，又给庭院增添了几分情趣。

文：高桥贞晴

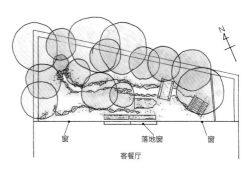

左/水流宽度为15~20cm，用熔岩石做出河岸，并在上游安放石块以营造出山间溪谷的意境。该水流经由水泵循环，能保证日夜不停。
右/图中石桥由荒木先生购得并决定架于此处。覆盖着苔藓的石桥与庭院自然融为一体。石桥附近水势较缓，十分利于雅罗鱼生长。

窗　　落地窗　　窗

客餐厅

利用狭小空间
建造
杂木庭院

make a good living
SMALL Garden

利用树木枝叶
有层次地划分庭院的
上下空间，
即使面积有限，
也能打造出
极具自然感的
杂木庭院。

1 适用于狭小空间的
杂木庭院

即使庭院面积有限，但上部空间仍十分开阔的话，只要充分利用上部空间，就能打造出狭小但不失意趣的居住环境。

适用于城市住宅的杂木庭院

杂木庭院的最大特点就是树木枝叶对上下空间的层次性划分。庭院的下部空间是生活空间，头上的开阔空间是树木伸展枝叶的空间。如此一来，人们不仅能在狭窄庭院内随时沐浴到阳光，还能从二楼窗边欣赏到绿意葱茏的景色。

可以说，这种杂木庭院非常适合于现在城市中占地有限的2层住宅。重要的是，设计庭院时不仅要考虑植物的平面效果，还应充分考虑立体空间布局。

我们小时候去森林里玩时，常在开阔的林地上奔跑，一抬头就能看到光影闪动的茂密枝叶。其实，杂木庭院的氛围与森林极为相似。

基于这种想法，很多看似不足以种植植物的狭窄空间经过合理规划都能营造出舒适的庭院氛围。

动物医院内停车场（东京都板桥区）。

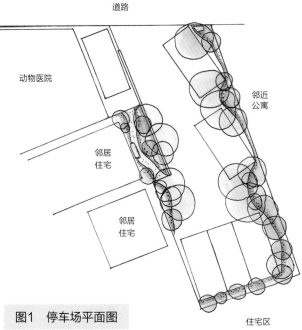

道路

动物医院

邻近
公寓

邻居
住宅

邻居
住宅

住宅区

图1　停车场平面图

被住宅区环绕的狭长停车场。利用邻居住宅的部分空间
和死角区打造的植物空间。

（设计施工方：高田造园设计事务所）

让停车场也充满绿意

下面，以城市中密集的停车场为例进行说明（图1）。

为了能让5辆车在狭长的停车场中自由进出，特意调整了几个纵向停车位的角度。如此不仅便于车辆进出，还为背面留出了一定的植物空间。

虽然每个停车位附近不过数平方米的植物空间，但伸展于上部的枝叶却将停车场点缀得绿意葱茏。

由停车场里侧向外眺望时，两侧树木形成的林荫让对面街道极具透视效果。

由停车场里侧向外看。位于林荫对面的街道显得比实际距离远一些。

而且，设置于狭窄界墙处的植物枝叶覆盖了停车场的上部空间，让外观更显繁茂。

通过有层次地划分上下空间，实现了树木与人、与车的和谐共存，即使植物空间非常有限，也能打造出如此出色的停车场。可见，越是在狭窄空间内越是能充分发挥出杂木庭院植物的布局优势。

尽管植物区面积有限，但连成一片的树木给停车场营造出绿意丰饶的景象。

2

让停车场、甬路与庭院环境融为一体

图片1　cafe 橡果树的前院。摄于竣工后第一年春（千叶市美滨区）。

图2　cafe 橡果树前园平面图

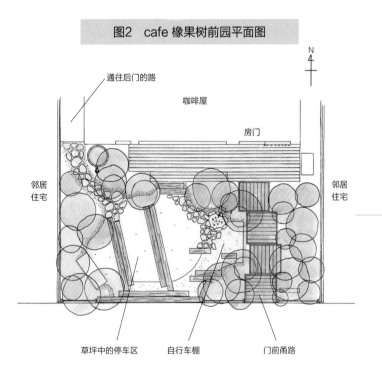

通往后门的路

咖啡屋

房门

邻居住宅

邻居住宅

草坪中的停车区　　自行车棚　　门前甬路

N

（设计施工方：高田造园设计事务所）

在植物下方打造生活空间

虽然住宅占地较为有限，但也必须设置停车区、门前甬路及车棚等必要的生活场所。

很多人认为"如果在狭小空间中设置上述区域，就几乎没有建造庭院的空间了。"其实，也不用如此悲观。

为了能有效利用狭窄空间，在设计庭院时不应将必要区域以外的剩余空间留给庭院，而应将这些必要区域组合进庭院。

下面，通过具体案例讲解一下如何高效利用空间。

照片1和图2所示为建于住宅区内的小咖啡屋。

这里的前院是一个紧邻道路且纵深仅为4m多的狭窄庭院。其中，树下停车区可停放一辆车，另外自行车棚、门前甬路、后门小路以及室外水阀等生活必要的区域或设施尽皆被组合进庭院。

由于停车区和自行车棚也属庭院的一部分，将这两个区域融入树木之中能让人们随时感受到葱茏绿意，从而营造出轻松、舒适的居住环境。

植物布局

植物分散在东西外周区域、房屋周围两个区域以及邻近道路的两个区域，其中穿插分布着门前甬路、自行车棚以及停车区等。将这些必要区域巧妙布置在树木中间，便能在狭窄空间内营造出惬意的庭院氛围。

合理分散设置植物区，并根据需要对不同植物区的种植密度进行调整，才能打造出良好的庭院空间。

门前甬路 该甬路为木板路，在其右侧外周区域设置宽度1m的植物区，同时在其左侧设置自行车棚，并在车棚前后栽种树木。如此一来，夹在邻居院墙和停车区之间的木板路就成了一条林间小路。

上左/从木板路上透过门旁树木眺望住宅。如此风景让观者备感温馨。
上右/环绕着树木的门前甬路。虽然面积有限，但利用杂木也能营造出轻松、惬意的氛围。
下左/通往后门的小路也在树木的掩映下成为庭院中的一道风景，同时树木还能美化窗边景致。
下右/美化住宅外观的杂木植物。设置于房屋周围的植物区尽管面积有限，却能充分发挥其功用。

从室内透过窗户欣赏树木。近窗枝叶让室内环境更富有生机。

停车区 在草坪上铺上枕木就成了一个简朴而自然的停车场，其风格与庭院氛围十分相称。另外，种于自行车棚前后方的树木也是整个庭院的点睛之笔。

房周植物 在房屋周围的两个区域内设置植物区不仅能美化一楼窗边，还能丰富二楼窗边的景致。虽然这两个植物区的面积不足3.3m²，却充分发挥出杂木的特点。

只有身临其境的人才能真切体会到近窗植物营造出的惬意氛围。尽管窗边植物区非常有限，却能让人切身感受到大自然的气息，进而让人们内心更感充实。

从平面设计升级到立体设计

之前，人们在设计庭院、绿地时都是以平面布局图为基础。然而，此种设计方式并不适用于在狭窄空间内打造自然庭院。因为空间是三维的，如果设计思路只局限于平面图，就无法有效利用三维空间。

杂木庭院的特点之一就是树与人共处于庭院的上下空间内。因此，狭窄庭院也能营造出层次丰富的居住环境。

在庭院设计与建造相关的指导书中，经常会以平面分区的方式进行讲解。但是，过分拘泥于这种思维方式则很难高效利用有限空间。

3

巧妙设计院墙与植物区

从道路拐角处观望住宅。邻近右侧道路的是南面区域，西面是停车区。

图3　通过巧妙设置院墙与植物而有效利用狭窄空间的杂木庭院平面图

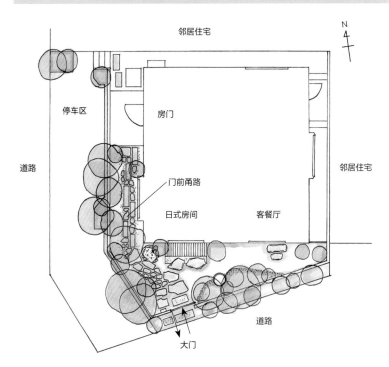

邻居住宅

N

停车区

房门

道路

门前甬路

日式房间

客餐厅

邻居住宅

道路

大门

（松下宅邸 / 千叶县船桥市　设计施工方：高田造园设计事务所）

充分利用狭窄空间设计院墙与植物区

　　我们在街区内经常看到，有些房屋几乎占用了整片住宅用地，除去停车区之外，所剩空间的纵深不过1~2m。即便空间如此有限，通过巧妙设计院墙和植物区照样能打造出绿意盎然的居住环境。

　　正因为庭院如此狭窄，才能充分发挥出杂木庭院布局的优势。

　　下面通过具体案例讲解一下设计院墙和植物区的要点。

　　如图3所示，就整个住宅的布局而言，可能成为植物区的空间仅有住宅的南面和西面。但是，近道路的西侧区域已作为停车场使用。

　　如此一来，南侧区域就成了主院，然而此处距离道路仅有1.5~3m的距离。要想在如此有限的空间内打造出舒适的庭院氛围，必须掌握以下要点。

左/南向院墙内侧。由于院墙外种有绿树,尽管庭院非常狭窄却显得格外幽深,呈现出静谧的庭院氛围。
上/在设计院墙时必须保证其通透性。如图中的"大和墙",通过不同的铺装方式将木板组合在一起,这样既能起到遮蔽作用又具有透气性。

南侧主院 利用院墙遮挡外部视线,同时在院墙内设计出清爽的植物空间。

为了能在面向道路的狭窄空间内营造出绿意葱茏的景象,需将院墙后撤50cm左右,同时在墙内外种上树以营造出极具立体感的幽深意境。

在墙内外种树既能合理限制树量,又能使院墙自然融入居住环境之中。

墙外植物是墙内植物的补充,主要以常绿中型木为主,通过疏密有度的排列模仿自然环境。如果像安装树篱一样栽种树木,会使植物变成一道绿色围墙,让人完全感受不到庭院的幽深感与空间感。归根结底,设计时应根据遮蔽空间的连续性将各种景物自然串联起来。

植物种植区的宽度与高度需根据周围情况而定,一般来说宽度约50cm、高度约2~3m的中型木都能在此条件下正常生长。

很多人担心后撤院墙会让庭院变窄,然而唯有如此才能使墙内外植物连成一体,从而营造出幽深的庭院氛围,这不仅让院内植物更富于层次感,还能让庭院更显开阔。为了给庭院营造出幽深意境和层次感,院墙与植物的布局就成了重中之重。

墙内外植物连成一体,从而让院墙融入绿意之中。

照片3 门前甬路附近的植物。由于树木在停车场上方伸展枝叶，虽然空间有限却丝毫不影响通行。

照片4 墙外墙内树木自然相连，巧妙增加了空间厚度。同时，这些植物还能遮挡夏日夕照。

照片1 上/南侧植物与西侧植物连成一片，住宅在树木的映衬下更显美丽。
照片2 下/坐落于住宅西侧树间的停车场。

照片5 从道路西北面欣赏住宅，路旁植物与屋旁植物自然相连，让整个空间更显幽深。

利用成片植物提升空间感

即使庭院较为狭窄，也能通过连接南侧与西侧区域来增加纵深感。如此不仅多出了两个甚至三个庭院空间，还能通过一体化种植营造出绿意环绕的景象。将南侧与西侧的有限植物空间连成一体，便能在狭窄空间内感受到充盈绿意（照片1）。

西面停车场 在院墙外及停车场的部分区域内设计了3块宽度为60cm的植物区用以栽种杂木。墙内外的植物给庭院营造出纵深感，同时水泥地面停车场周围也有树木环绕，与住宅风格极为相称（照片2）。

对于乔木而言，只要有直径60cm的面积就能正常生长。一般而言，在停车区中总能找到这样大小的死角。如能巧妙利用这些死角，就能有效改善狭窄地区内的住宅环境（照片3）。

院墙内的庭院空间仅有1m左右，同时在房门前铺设了一条甬路。除去甬路，墙边植物区的宽度不过30~40cm。由于住宅地比停车场高出约1m，因此可以让树木枝叶伸展于停车区上方。如此一来，即便空间有限，也能打造出美观又不妨碍通行的植物区（照片4）。

也许正是因为住宅地的高低差才成就了如此别致的庭院。通过巧妙的空间叠合，让树木枝叶伸展于停车场上方，便能在狭窄空间内打造出能遮挡夏日夕照的重叠型植物区（照片5）。

可见，巧妙设置院墙、有效利用死角、打造连续性植物区以及分层次利用空间是在狭窄空间内种植杂木的关键要素。

4 巧妙利用中庭

掌握3个要点能让植物抵消空间的狭窄感

要在狭窄地区内充分种植植物时需注意以下3点：

1. 不要将植物集中于一处，而应将其分散于住宅周围各个区域。
2. 如果空间宽度有限，应选择能让树木上部枝叶伸展的场所。
3. 高效利用中庭空间。

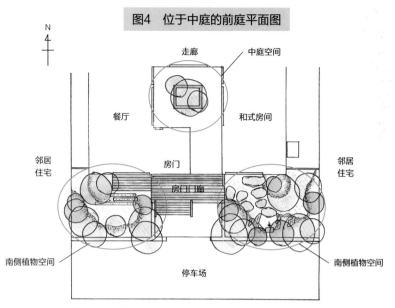

图4　位于中庭的前庭平面图

N

走廊　中庭空间

餐厅　　和式房间

邻居住宅　　房门　　邻居住宅

房门廊

南侧植物空间　　　　　南侧植物空间

停车场

（增田宅邸　设计施工方：高田造园设计事务所）

下面，通过具体案例进行说明。

图4所示该院中仅在南侧有植物区，整个住宅布局十分常见，但中庭却留出一块通风用的空间。

南侧植物区分布在停车场和门廊周围，透过餐厅及和式房间的正面窗户就能看到窗边的树荫。

植物区与停车场接壤，由于枝叶伸展于停车场一侧的较高位置，所以不会对人、车通行造成影响。

狭窄空间中的树木枝叶能否向外伸展，往往取决于枝叶的品质和数量。就利用分层空间的杂木庭院而言，应使树木枝叶充分向上伸展，从而在树下留出充足的生活空间。

在植物布局上多花心思，能使无植物停车场也被遮蔽在上方枝叶营造的清爽绿意中。

南侧两个植物区的面积均约为7m²。将其分布在主要房间的正面，能让窗外景色更生动，同时也将包括停车场在内的整个建筑都融入到绿意之中。

伸展于停车场上空的枝叶完全不会妨碍人们通行。

巧用1m²的植物箱点缀中庭

设置于中庭内的1.2m²的植物箱能发挥出极大的作用。

中庭与餐厅、和式房间及走廊相连，植物箱摆放在此处便于人们从三个方向进行观赏。而且，树木枝叶还能伸展到二楼窗边及阳台。这样一来，仅用一处植物就能美化多个房间。可以说，只有建筑物环绕的中庭才能让这种一举多得的植物布局充分发挥出优势。

在中庭植物区种植乔木、中型灌木、杂草以形成多层次结构，使人们在不同视野内都能欣赏到葱茏绿意。

总之，要想在中庭等狭窄空间内营造出绿意盎然的氛围，进行多层次立体化植物布局至关重要。

左/设置于多用途平台中的1m×1.2m的植物箱。其中主要栽种着白蜡树，同时搭配栽种一些中型木和杂草。
右/由二楼窗边可望见中庭的白蜡树树冠，能在密集的住宅区里欣赏到如此绿意，实属难得。

树荫中庭可谓是天然空调

生长在中庭树荫下的蕨类植物宛如林地杂草一样青翠可爱。由于中庭的日照时间较短，因此非常适于耐阴性林床植物生长。而且，树荫下冷空气与南向日照区存在温差，由此形成的对流能显著降低夏季的室内温度。

由于过去日本的中庭宽度有限、纵深较长而常被用作"町屋"（商贩及工人居住的房屋）。正是因为它特殊的结构特点，使得中庭深处的房间也能感受到凉爽空气。在没有空调的年代，中庭就成了夏季乘凉的重要设施。

身处当今高密度的居住环境中，我们只有多学习前人的智慧，通过设计中庭营造出舒适而清新的居住环境。

总之，只要肯花心思、下功夫，就一定能打造出舒适的居住环境。

上/由于中庭日照时间较短，生长于下方的杂草等耐阴植物显得生机勃勃。
下/从阳台俯视中庭。乔木以及分布于乔木下方的中型木、灌木等形成多层次的植物区。

杂木庭院的维护与管理

ZOUKI
Maintenance of Garden

杂木庭院通过利用天然树木在有限空间内打造出人与树和谐共生的环境。

当然，一些适当的管理措施也是必不可少的。

不过，杂木庭院的维护完全不同于传统庭院里为了保持庭院外观及树木外观为目的的修枝剪叶。

而是为能充分展现树木自身的生命力，将庭院视为一个生态系统来进行统筹管理。

「管理树木的同时也让树木营造出更好的环境」——这就是管理自然型杂木庭院的基本原则。

为此，我们应充分了解维护杂木庭院的必要性和目的，根据具体情况采取取合理的管理方法。

维护庭院的6项措施

1 合理控制树木外观及生长速度

粗壮的枪栎树干。在自然状态下，枪栎树树围每年会增加3~5cm，因此我们应根据实际情况适时控制其生长速度。

2 合理控制枝叶所占空间

打理后的杂木庭院。使树木枝叶与电线保持适当距离，清理覆盖在檐下雨水槽上的枝叶，同时给树下留出充足的活动空间。

3 确保通风性

打理后的庭院。位于狭窄过院旁的木围墙设计充分考虑到通风性，让风能透过枝叶吹入院中。

1.合理控制树木外观及生长速度

树木是自然生长的，不过，庭院中的树木会占用人的生活空间及其他树木的生长空间，所以必须合理调整每棵树木枝叶所占的空间。

而且，树木的生长速度、枝叶伸展程度及树干粗壮情况因不同树种而异。当然，让树木长得高大也是管理方法之一，很多高大的树木显得枝繁叶茂，能给庭院营造出安适的氛围。

不过，住宅地内的空间毕竟有限，我们在选择树种时应注意与其他树木的平衡感，同时不要让生长旺盛的树种对生长缓慢的树种造成压迫，要根据不同树木的情况来控制其生长速度（详见P118~P125）。

2.合理控制枝叶所占空间

该项措施包含第1项中的部分内容。为了实现人与树的和谐共生，我们应根据具体情况对逐年生长的枝叶进行打理或修剪。

例如，当枝叶伸展至邻居家、道路附近或是覆盖雨水槽甚至影响人们在小路、平台周围活动时，我们就应及时进行维护。

修剪杂木无须像修剪庭院树那样力求外观浑圆，而是应该遵循"当留则留、当剪则剪"的原则。

为了营造出绿树环绕、视野开阔的生活空间，如何区分"保留枝"与"去除枝"就显得非常重要（详见P126~P129）。

3.确保通风性

为了创造一个健康并具有一定功能性的居住环境，加强外部空间的通风性至关重要。

在通风较差的庭院中因为空气流通不畅，由此会大量引发豹脚蚊等特定病虫害。如果通风较好，在夏季日间的树荫和日照区之间会形成温差并产生空气对流，由此充分缓解暑热之感。

空气流通不畅不仅会影响庭院环境，也让居住者深感不适。为了打造出通风良好的庭院，首先要在设计施工方面多下功夫。其次，还应及时去除阻挡风道的枝叶以及加强下部空间的空气流通（详见P130）。

打理后的杂木庭院。根据需要保留一定程度的乔木枝叶，利于下层植物获得必要光照。

在庭院角落设置混合肥料箱以储存落叶，由落叶制成的腐叶土可作为庭院的再生土壤资源。

喷洒以液体纤维素为主要成分，且对人、树无害的无农药喷剂。该制剂能堵塞蚜虫等害虫的气孔阻止其孵化。

4 合理控制射入的日光强度

5 高效利用杂草和落叶

6 病虫害防治及树木的健康管理

4.合理控制射入的日光强度

杂木庭院的情况与天然林极为相似，乔木、中型木、灌木分别处于上中下空间。

如果长期不加打理，乔木枝叶很快就会覆盖庭院上方空间，降低照入地表的光照量，从而导致下层植物发生迁移。于是，生长在林床的珊瑚木、八角金盘、枸木、舟山新木姜子等林下植物就要借助鸟儿粪便来传播种子。同时，生长需要光照的灌木也会逐渐衰退。

一个良好的庭院环境既要能欣赏到花红柳绿的景致，还要让中型木及灌木都能茁壮生长。

因此，为了能让下层植物健康生长，应适时修剪乔木上层枝叶以保证下层植物接受到必要光照（详见P131~P132）。

5.高效利用杂草和落叶

当田野、路旁的植物进入庭院时，一般都会被作为"杂草"而被处理掉。然而，庭院里长野草是再正常不过的事，如果将其全部清除反而会让庭院显得不自然。其实，夏季庭院里的树荫就能充分抑制杂草生长。

将来，我们要建造的不仅是漂亮的庭院，更是一个能充分刺激我们感官的庭院。为此，我们应该思考一下如何创建一个与杂草共生的庭院环境。

其次是落叶。每逢秋季，杂木庭院中落叶时间就长达1个月以上。落叶并非垃圾，可用来制作腐叶土及堆肥，它作为庭院及田地的再生土壤资源更应该得到充分利用（详见P133~P135）。

6.病虫害防治及树木的健康管理

一说到病虫害防治，很多人就会想到喷洒农药。

其实，农药不仅会破坏树木周围环境的平衡，还可能招致特定病虫害的大规模爆发。而且，越来越多的事实也证明，喷洒农药对人体健康及生活环境也会造成不良影响。

树木是在与各种昆虫、微生物、鸟儿进行"交流"的过程中生长的。如果为了消灭某种昆虫而对其他生物造成影响甚至是威胁到我们自身的健康，实在是得不偿失。那么，需要我们用心维护的理想庭院环境又是什么样的呢？

今后，为了重新回归健康、自然的生活方式，我们必须掌握不依赖农药的庭院管理方法（详见P136~P141）。

打理杂木的方法

由于人与树是在有限空间内共享一个庭院，所以需要对树木外观、枝叶量进行及时打理及调整。

不过，如果因此而破坏了树木的自然树形及枝叶外观，就会影响杂木庭院的美感。

如果想要在保持树木自然树形的前提下，合理控制其外观大小及生长速度，传统的树木剪枝方法显然已不再适用。

为了长期保持杂木庭院的良好环境，就需要在了解树木特性的基础上掌握正确的维护方法。

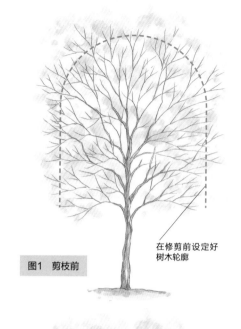

在修剪前设定好树木轮廓

图1　剪枝前

1　传统的树木维护方法

在很多关于树木修剪的相关书籍中，都提到打理庭院树需要先确定树木轮廓，然后沿着轮廓剪掉每年多长出的部分，最终将其修剪成弧形外观。

那么，我们先就这种常见的庭院树修剪的方法进行说明。

图1中虚线即为设定好的剪枝轮廓。然后，如图2所示，沿着轮廓剪枝，同时去除树冠内部分枝条以起到间疏效果。最后，图3就是修剪后的树木外观。

由上可知，用此种方法修剪过的树木外观较为规整，其内部枝条也能得到充分间疏，乍一看这的确是打理树木的最佳方法。

然而，此种方法并不适用于杂木庭院。

那么，问题究竟出在哪儿呢？下面，就让我们逐条梳理并介绍一下适用于杂木的修剪方法。

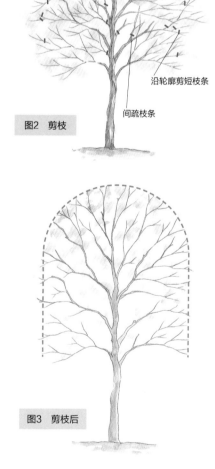

沿轮廓剪短枝条

间疏枝条

图2　剪枝

打理后的杂木庭院。在保持天然林特有的自然外观的同时给枝叶间留出一定空隙，让它们在各自空间内充分伸展。

图3　剪枝后

不产生过长枝的打理方法 2

剪短枝端后，疯长的过长枝会破坏树形。

图4　剪枝数月后的树木外观

经多次剪枝的榉树，其外观已彻底丧失了自然美感。

榉树原有的自然树形。如果人为打理破坏了这种自然美感实在是得不偿失。

图4所示是沿轮廓剪枝的树木在数月后的枝条伸展情况。过度剪枝导致枝端生出更多小枝，从而破坏了原有树形。而且，切口处还会长出坚硬的树瘤。

一般将从切口处生出的长势旺盛的直枝称为"过长枝"。

如果不考虑树木自身特性而过度剪枝，就会导致切口处生出大量过长枝，从而破坏了原有树形。而且，如果每年都在相同位置剪枝，还会导致枝端长出拳头状的树瘤。

如果打理树木时缺乏对树木特性的了解，不仅会破坏树木原有的自然美感，还会间接刺激"丑枝"生长。

处于自然环境中的树木难免会遇到雷击、倒伏、掉枝等情况，以及遭受雪崩、泥石流等自然灾害，此时折断枝干的树木为了自我修复就会生出很多过长枝。因为树木要尽快长出枝叶，以再次获得生长所需的光照及空间。这些打乱树形的过长枝能保持数年的活跃生长状态，然后树木会逐渐恢复原有的生长方式和树形。

这里，我想将树木这种疯狂生长过长枝的状态称为"树木的忘我状态"；将数年后树木重新恢复本来面目的状态称为"树木重归自我的状态"。

如果每年都在相同位置剪去过长枝，就会导致树木形成粗大、坚硬的"树瘤"。而且，从树瘤处还会继续生出更多过长枝，由此彻底破坏了树木原有的自然树形。

竣工后第10年的杂木庭院。外观自然的树木使得杂木庭院的精致美感与蓬勃生机得以长久保持。

3 合理利用树木特性来控制其外观及生长速度

过度剪枝导致榉树生出很多形态不佳的枝条，整个外观显得极不自然。看到此景，我不禁要问"究竟为什么要栽种这棵街道树啊？"

过度给树木施压会刺激过长枝生长，我们在打理树木时要切记这一点。

另外，如果想让已长出过长枝的树木恢复到原有的自然树形，不能将过长枝一剪了之，而是应该任其生长数年，利用"树木重归自我"的特性及正确的打理方式帮助树木重新恢复自然树形。

对于树木而言，长出过长枝必然要消耗大量能量，从而对植株生长造成巨大压力。每当用错误方法修剪树木时，树木则要消耗大量能量催生一些过长枝，久而久之树木在承受巨大压力的同时会极易受到病虫害侵袭。

树龄达数百年的巨大樟树。从树干中部生出的新枝在缓慢生长，即便上部粗枝老化，这些新枝也会延续古树的生命。通过不断的"新老交替"延长树龄是天然树木的特性之一。

1 留意枝干的『新老交替』

为了能在保持树木自然树形的同时合理控制其外观大小和生长速度，我们应从根部砍去老旧粗干以促使其更新为年轻细干。这个过程称为"枝干更新"。自然界中的树木正是通过枝干更新得以长久生长。

可见，巧妙利用树木自身特性是打理杂木庭院的不二秘诀。

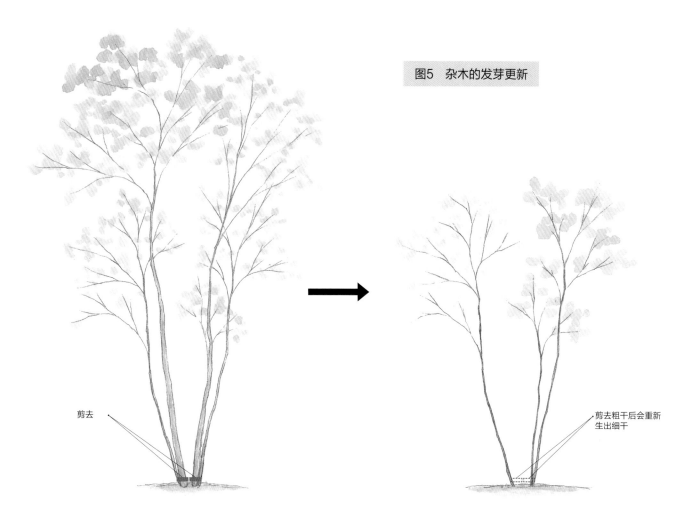

图5　杂木的发芽更新

剪去

剪去粗干后会重新
生出细干

野茉莉的枝干更新。
从砍去粗干的位置又
萌发出新芽。由此确
保新枝生长所需的光
照和空间，使其在下
一次更新时长成主干。

从根部砍去粗干的
蜡瓣花经数年生长
后的样子。

　　下面，讲解一下促进枝干更新的具体方法。

　　发芽更新　将丛生型杂木从根部更新枝干的
方法称为"发芽更新"。近山杂木林的采伐及发
芽更新周期一般为15—20年，由此得以长久维持
其生长状态。

　　我们在管理庭院杂木时也可以利用这种特
性，从根部砍去老旧粗干使其更新为年轻细干，
合理控制树木大小。

　　不过，对于耐阴性较差的枹栎等落叶型杂木
而言，要想使根部新枝茁壮生长，必须加强根部
附近的日照。而且，从根部砍去粗大枝干会明显
改变庭院的整体风格，因此尽量不要对主树采用
此方法。

　　当然，除了作为庭院主树的杂木之外，像腊
梅、连翘、珍珠绣线菊、麻叶绣线菊、大叶钓
樟、蜡瓣花、绣球花、胡枝子、南天竹等中型木
或灌木均可用此种方法打理。

图6 株端的枝干更新

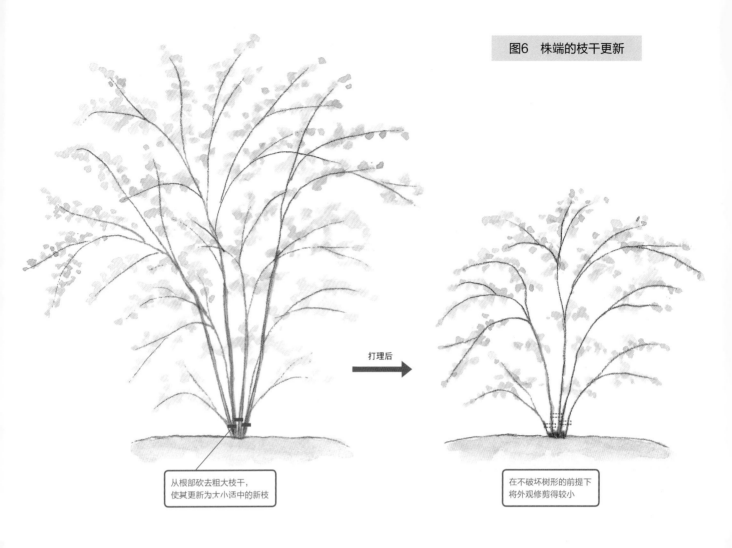

打理后

从根部砍去粗大枝干，
使其更新为大小适中的新枝

在不破坏树形的前提下
将外观修剪得较小

株端的枝干更新 如果仅修剪枝端就会催生出很多打乱树形的"丑枝"，从而变成一大团杂乱的枝干。此时，应如图6所示从植株根部砍去粗枝，从而长久保持枝条的纤瘦感。

通过去枝维护树木 如图7所示，打理乔木及中型木时，应去除粗枝使其更新为新枝。

照片1为枹栎，其中粗枝与细枝的生长情况一目了然。为了缩小树木轮廓，应去除粗枝以使新枝接受更多光照，从而完成世代交替。另外，在夏季生长期之前，通过减少枝叶数量能有效抑制树木的生长速度。

去除多余枝叶能让树干充分接受光照，从而利于切口处长出新枝（照片2）。只要能确保这些新枝获得必要光照，数年后它们就会成为重要的更新枝。

促进树木的"新老交替"是管理杂木庭院的不二秘诀。不过，"砍去粗枝、长出新枝"的过程多少会给树木造成一定压力。

照片3是将去除下枝的伊吕波红叶移栽到向阳庭院半年后的情景。可以看出，从树干中部至上部均生出笔直的新枝，而且叶片也变成了细长大叶，完全丧失了伊吕波红叶的美感。那么，为什么会造成此种情况呢？

这是由于树木在移栽后受到强光照射致使树干水分过度蒸发，从而导致水分无法及时送至上部枝叶，于是树木为了生存只能从树干下方生出这种笔直的枝条。

这些缠绕于树周的枝叶就像一层遮挡日照的"保护层"，充分证明树木已受到较大压力，如果放任不管就会逐渐衰弱。

为了保持新枝旺盛的生长状态，在剪枝时适当给予树木压力是必要的。不过，如上例所示，一旦压力过大就会影响树木的正常生长。

因此，我们在进行枝干更新时必须充分确认树木状态，然后再决定剪枝程度及树干部的日照强度。

图7　通过去枝维护树木

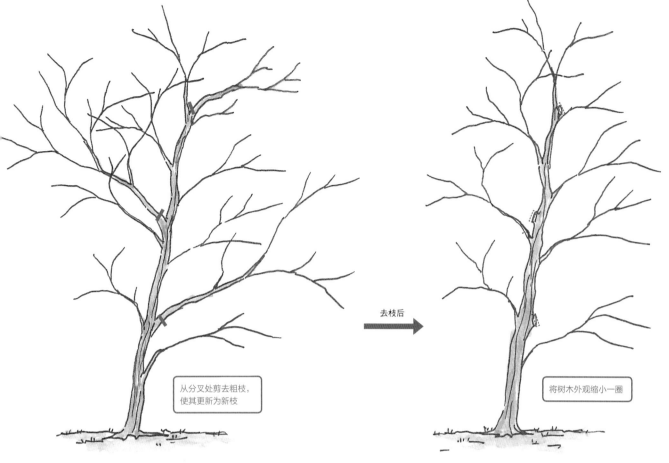

从分叉处剪去粗枝，
使其更新为新枝

去枝后

将树木外观缩小一圈

照片1　去枝（■剪去粗枝的位置　◯需继续生长的新枝）

照片2/从枹栎树树干的切口处生出的芽枝。一旦光照不足，这些芽枝在1年左右就会枯萎，需多加注意。
照片3/树干接受过多光照的伊吕波红叶。

照片2

照片3

青冈栎的芽枝。对于这种耐阴性较强的常绿阔叶树而言，即使环境略微背阴，芽枝也不会枯萎，而是能保持缓慢生长。

2 管理植物的简单方法

对于枹栎、栎树等生长较快的向阳型杂木而言，如果长期放置不管树干就会逐年变粗。反之，如果将这些树木栽种在一天中有半天处于背阴的环境中，树木的生长速度就会降至原来的一半甚至是1/3。而且，此时树木的枝叶外观也不同于在向阳环境中，呈现出纤弱、修长的姿态。

虽然可以通过减少枝叶数量降低光合作用强度的方法来抑制树木生长，但这些枝叶会在夏季为我们营造出宝贵的绿荫，轻易削减枝叶有悖于栽种杂木的初衷。

因此，为了不让杂木长得过粗，采用树丛式栽种方法十分有效。

之前，我们在每个位置栽种一棵杂木以确保院内必要的树荫面积，同时保留一定枝叶以使树形更加匀称。不过，一旦枝叶过多，树干也会相应变粗。

但如果在一个位置种植3棵杂木，每棵树的枝叶的保有量就是单棵栽种时的1/3，这同样能确保院内的树荫面积。而且，彼此接触的枝叶还能充分提升树荫效果，而此时每棵树的生长速度则下降到单棵种植时的1/4甚至更低（图8）。

■修剪枝端　去枝以间疏树木

栽种不久的杂木树丛。以树丛的方式组合栽种杂木，既降低了管理难度又能确保树木健康生长。

3 修剪枝端时的注意事项

打理杂木时不仅要利用枝干更新，有时也需要间疏枝条或修剪枝端。

如果每年都修剪同一枝干的枝端，会导致枝干外观越发僵硬。因此，对于已经连续数年修剪枝端的枝条而言，应从分叉处去除该枝，从而促使此处生出纤细的新枝。

另外，在修剪枝端时应保留那些不违背枝条伸展方向的小枝，从而使其能充分获取水分及生长所需能量。同时，在间疏枝条时也应保留那些与枝条伸展方向基本一致的枝条，从而最大限度地降低枝干负担。

如此一来，不仅能充分抑制过长枝等非正常枝的生长，还能长期保持剪枝后的优美树形。

通过并用修剪枝端与枝干更新的方法能在不破坏杂木自然美感的前提下，打造出自然、健康的庭院氛围。

如果能在充分了解树木特性的同时，细心而周到地进行打理，这些庭院树就能充分展现出自我风采，长成人们所希望的柔美树形。

"在不违背树木特性的同时巧妙地进行驯化"——这就是打理杂木的最高境界。

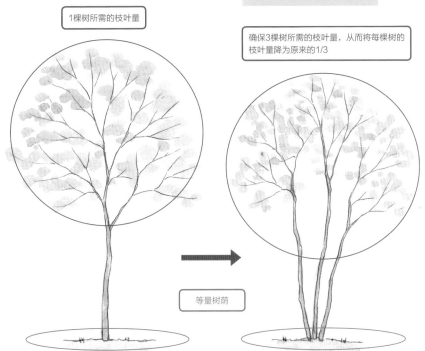

图8 便于管理的植物

1棵树所需的枝叶量

确保3棵树所需的枝叶量，从而将每棵树的枝叶量降为原来的1/3

等量树荫

另外，对于单棵种植的树木，一旦去枝过度就会使直射光直接照射到树干，从而导致树干干燥甚至受伤。与之相比，将数棵乔木组合成树丛时，即便发生去枝过度的情况，相邻枝叶也会缓解照入树干的直射光强度。

照片4为栽种枹栎的杂木庭院。在5~6坪的有限空间内，栽种着11棵枹栎和1棵杉树，而且这些树木已生长近20年。由照片可见，这些树木并没有过分粗壮，依然保持着天然树的优美外观。

那么，如果庭院空间仅够栽种1棵或2~3棵枹栎时，是否就无法抑制树干变粗呢？

其实，正因为空间有限，我们才应以树丛的方式栽种杂木以合理抑制树木生长。唯有如此，才能长久保持杂木庭院的自然美感。

照片4 竣工后20年的庭院，在5~6坪（每坪约3.3m²）的空间内栽种11棵枹栎和1棵杉树。（东京都西多摩郡・金纲宅邸/金纲造园事务所施工）

调整枝叶所占空间

打理树木时，应准确把握枝叶伸展的空间和方向，从而实现人与树的和谐共生。为此，我们有必要及时调整枝叶所占空间。

此时，主要从以下3方面进行考量。

1 让树木共享必要空间

杂木庭院就像多树种混杂的天然林，每棵树都在与相邻树木竞争有限的生长空间。在天然林中，那些竞争失利的树木以及不适于背阴环境中的树木会被自然淘汰，从而逐渐改变森林风貌。

为了能使杂木庭院中的树木在有限的生长空间内茁壮生长，我们需要对相邻枝叶进行及时调整。

上/不同乔木的枝叶并未碰触，而且乔木、中型木、灌木各自占据着上下空间。
下/杂木枝叶并未互相碰触，无论是横向空间还是纵向空间都显得疏密有度。如此打理不仅让庭院外观更漂亮，还让树木显得清秀而富有生机。

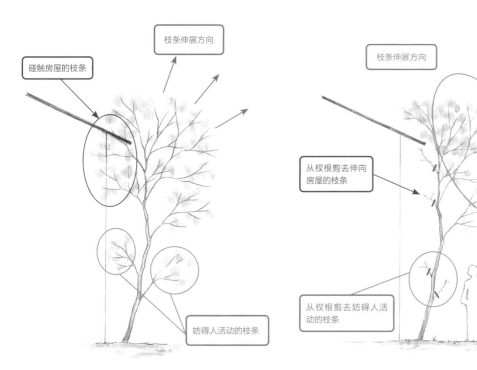

杂木空间

人活动空间

图9　划分杂木所占空间与人活动空间

碰触房屋的枝条

枝条伸展方向

妨碍人活动的枝条

图10　修剪前房屋周围植物

枝条伸展方向

从权根剪去伸向
房屋的枝条

从权根剪去妨碍人活
动的枝条

图11　修剪后房屋周围植物

2 不妨碍人、车通行及人们活动

划分树木空间与人活动空间

　　一般而言，杂木庭院的上部空间是树木枝叶伸展的空间，树下的区域是人们活动的空间（图9）。

　　由此，人们能充分享受树木营造的良好生活环境。然而，年年伸展的枝叶会逐渐侵占人们的活动空间。对此，我们该如何处理呢？

打理房屋周围植物

　　如图10所示，当房屋周围的杂木枝叶朝着房屋伸展或是下枝影响人们活动时，我们应及时剪去这些枝条。对于按正常方向伸展的枝条应予以保留，如果一概剪除就丧失了栽种树木的意义。

　　无意义地剪枝并不利于保持树形，我们应促进枝叶朝着正常方向伸展（图11），从而培育出极具天然林风貌的健康而富有生机的杂木林。

3 防止树木枝叶影响周围生活环境

照片1　住宅地内的人车共用路。适当增大路宽便于车辆通行。

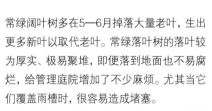

上/呈下垂状的枹栎花序。
中/枫树在长新叶的同时开花，然后结籽，而小叶呈螺旋状飘落。
下/橡树、厚皮香等常绿阔叶树的落叶。由于这类树叶较为厚实，极易聚堆。

为能充分体会杂木庭院的乐趣，应注意切勿让树木影响周围街区的环境。

其中，最让人担心的就是落叶堵塞雨槽以及飞落至邻家的问题。

其实，造成雨槽堵塞的主要原因并不完全是随风飞散的落叶，春季时分量较重且极易聚堆的杂木花朵、种子以及秋季的橡果才是真正的"罪魁祸首"。另外，叶片厚实且易飞散的常绿树落叶也极易堵塞雨槽。

这些落叶型乔木的花序、花朵及种子一般会在4—6月时飞散。另外，橡树、栲树等常绿阔叶树多在5—6月掉落大量老叶，生出更多新叶以取代老叶。常绿落叶树的落叶较为厚实、极易聚堆，即便落到地面也不易腐烂，给管理庭院增加了不少麻烦。尤其当它们覆盖雨槽时，很容易造成堵塞。

而作为杂木庭院主要乔木的枹栎等落叶阔叶树的落叶较轻，即便整片掉落至雨槽也不会立即造成堵塞。

因此，我们应根据不同树木的特性来布局栽种，同时选用适当的打理方法。

下面，通过图12进行具体讲解。

打理甬路附近的树木

如照片1所示，住宅地内的人车共用路可以让车辆从园外道路经大门直接抵达车库。树木枝叶伸展于较高位置，宛如一条绿色隧道。如此巧妙的空间布局充分实现了杂木庭院在改善居住环境方面的功能。

可见，舒适的居住环境正源于人、树空间的合理分配。

图12 防止落叶及枝叶越界

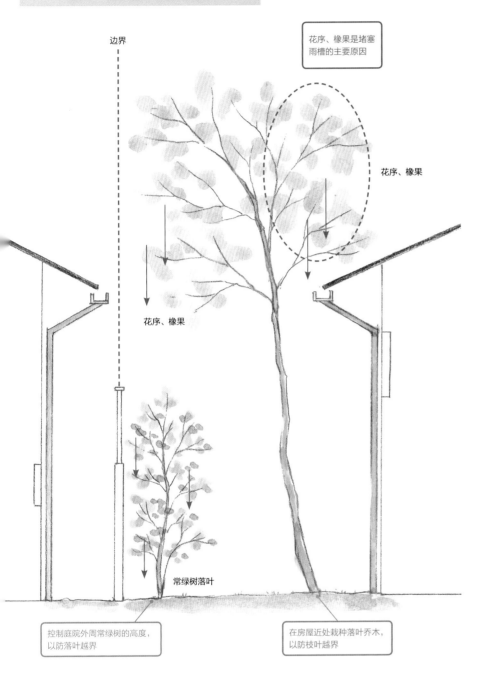

边界

花序、橡果是堵塞雨槽的主要原因

花序、橡果

花序、橡果

常绿树落叶

控制庭院外周常绿树的高度，以防落叶越界

在房屋近处栽种落叶乔木，以防枝叶越界

照片2 栽种在宽1m的边界处植物。

首先，应将落叶乔木种在自家房屋附近而不是庭院外周，由此防止枝叶越界落入邻居家或街道处。同时，须及时清理可能遮挡雨槽的枝叶，以防掉落的花序、橡果堵塞雨槽。

由于花序及橡果大多会掉落在附近，很少被风吹散，所以及时清除枝叶就能有效防止它们堵塞雨槽。

对于最为麻烦的常绿树落叶，有效防止其越界的方法就是控制庭院外周常绿树的高度。

由于常绿树叶片多较为厚实，很少飞散到远处，通过合理维护就能基本防止落叶飞散至邻家。

通过合理规划及管理可以防止树木对周围环境造成的影响。不过，树木给人们生活带来的益处是任何事物都无法比拟的。为能充分享受树木营造的舒适环境，我们无须对落叶太过敏感，而是应该充分享受打理落叶的过程。

建于住宅区的丰饶庭院不仅让居住者备感幸福，对于周围行人及居民也是一种美的享受。因此，我们在打造庭院时切勿忘记它对整个街区环境的影响。

如照片2所示，房屋左侧距邻居家仅有1m，屋旁的杂木枝叶却能伸展到二楼窗边。照片中树木是种植半年后的样子。不久之后，该住宅右侧也建起了房屋，而且房屋二楼窗户宽度也在2m左右。此时，种于左侧房屋周围的树木枝叶已完全越界。当房主询问邻居是否需要剪去这些枝叶时，对方却说，"幸亏有这些漂亮的树，请不要剪去那些长枝。"

可见，对于邻居而言，这些伸展至窗边的枝叶反而让他们很高兴。如此一来，邻里之间便能共享树木带来的益处。如果过于苛求树木的界限感，就不会有现在街中这种绿意丰饶的景象。

"绿树是惠及所有人的一笔宝贵财富"，所有爱树、栽树之人都应牢记这一点。

确保通风

通过改善庭院的通风性可以产生空气对流，减轻夏季的暑热感和潮湿感，而且还利于树木的健康生长。

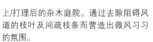

上/打理后的杂木庭院。通过去除阻碍风道的枝叶及间疏枝条而营造出微风习习的氛围。
右/已连续打理10年的庭院。在宽度不足3m的狭窄空间内，树木的长势极佳，同时院内的通风性也保持得很好。
下（照片1）/确保狭窄庭院中地表空间的通风性，同时设法让板墙通风。切勿过多栽种植物，以确保风道畅通。

改善通风打造健康庭院

为了充分保证庭院的通风性，需要确保院中的风道通畅，同时及时间疏枝叶以使树干部也能过风。如果枝叶间空隙较小，则极易引发病虫害。再没有什么比一条通风良好的绿色隧道更让人赏心悦目的了！枝叶随风轻摇而发出的沙沙声让人充分感受到树木的生机与活力。

为了维护良好的庭院环境，我们在打理庭院时一定切记为院中留出风道。

地表通风 为了改善较低位置的通风性，应适当去除灌木下枝，这也能让地面空间更加清爽。

尤其是设置遮蔽性围墙时，更要考虑到院内的通风性。如照片1中板墙就采用了下部悬空的设计，由此能充分保证院内的通风和采光。

一旦通风不佳，向阳处与背阴处的温差就无法形成对流，从而导致暖湿空气淤塞于院中。其实，杂木庭院的最大优势就是通过空气对流形成凉风，从而改善院内的微气候。

无论是建造庭院的初期还是后期维护，我们都应注意加强空气流动，因为这是打造舒适庭院环境的要素之一。

枝叶高低分布的杂木庭院让人有置身森林之感。适当调整、间疏枝叶能保证下层植物的光照量，同时应避免无下枝及不耐日晒的杂草植物受到过多光照。

谁都知道，树木生长必不可少的要素就是阳光。

但当植物受到过多光照时，体内水分会大量流失，因为树木为防止自身温度上升会进行活跃的蒸腾作用。此时树木会承受较大压力，这在树木生态学上被称为"缺水压力"。

对于树木而言，树干部分最不耐干燥，所以树木需要伸展枝叶、制造树荫以避免直射光引起的树干干燥。同时，上部枝叶枯萎也是树木在"缺水压力"中保护自身的一种生命活动方式。

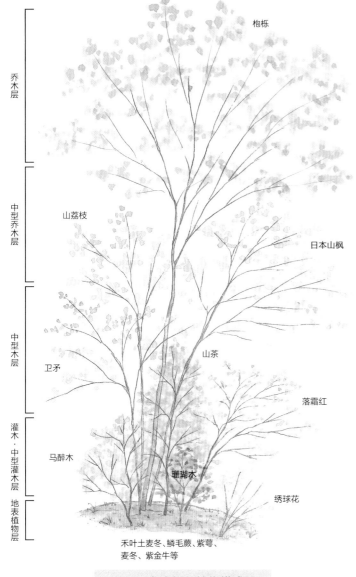

枹栎

山荔枝

日本山枫

山茶

卫矛

落霜红

马醉木

珊瑚木

绣球花

禾叶土麦冬、鳞毛蕨、紫萼、麦冬、紫金牛等

乔木层

中型乔木层

中型木层

灌木·中型灌木层

地表植物层

图13　杂木树丛植物模式图

调整各层级植物的光照量

为了给庭院营造出树荫，需要适当抑制树木的生长速度。

在杂木庭院中，各种乔木、灌木及地表植物有层次地分布于上下空间内。我们在打理庭院时，需要进行适当调整，以使不同层级的植物均能接受适量光照。

为了合理抑制树木的生长速度，防止树干及枝叶干燥，同时保证不同树木均能受到生长发育所需的光照，我们需要对枝叶进行间疏及调整。

在此，通过杂木树丛植物模式图（图13）来看一下阳光的分布情况。

乔木　这里以暖温带气候区杂木林中的主要树种——枹栎为例。枹栎能抵御夏季的强日照，通过充分伸展枝叶而在树下营造出舒适的树荫。

栽种枝叶茂密的落叶阔叶乔木不仅利于营造大片树荫，还能改善树下的微气候，利于其他树木生长。

不过，如果以枹栎作为庭院主树，还需合理控制其生长速度。我们可以适量间疏枝叶，使部分阳光照到树干，以促进树干部枝叶更新（下页照片1）。

中型乔木　紧邻乔木的中型乔木层生长着耐旱性较差的日本山枫以及极易在向阳处伸展枝叶的山荔枝等，同时这些树木还能为枹栎遮挡日照。

照片1 对于枹栎等杂木而言，如果树干部新枝接受不到阳光，1年左右就会枯萎。因此，为促进枝条更新应及时间疏上部枝条，以使新枝受到必要光照。

照片2 种于市区向阳处的日本山枫为了抵御干燥环境，枝叶会逐渐长成团状。当枝叶过于旺盛时，就会陷入"剪枝—长枝—再剪枝"的恶性循环，最终导致树形越来越难看。看到如此可怜的树，我们不禁要问"当初究竟为什么要种树啊？"

照片3 上/栽种于树荫下的枫树。
下/山茶原为生长在林中树荫的中型灌木，如将其栽到向阳处，不仅会使枝叶过于繁茂，还极易引发茶毛虫等虫害。

鳞毛蕨等林床植物最适于种在有叶隙光的树荫下。

其实，这些树木原本就属于森林中亚乔木层的树种，非常适于生长在树荫环境中。

照片2所示为东京街头的日本山枫。种于向阳处的日本山枫为防止干燥及反射光对树干的影响只能过度伸展枝叶，而人们会觉得这些枝叶有碍观瞻而不断进行修剪，所以最终导致了图中的团块状树形。

与之相比，种于落叶乔木树荫下的枫树枝叶显得十分自然，整个树木状态非常健康（照片3）。此时，树木的生长有条不紊，也不易出现病虫害。由于合理控制剪枝次数，所以打理起来非常轻松，同时也不会给树木造成过大负担。

另外，在乔木附近栽种中型乔木不仅能让后者充分享受前者营造的绿荫，同时后者还能防止前者树干受到夕照而出现干燥等暑热现象。

中型木 将山茶种于中型乔木形成的树荫下，能合理控制山茶的生长速度，同时减少剪枝给树木造成的压力。

卫矛、落霜红等中型木原本生长在森林边缘或明亮的杂木林中，这些场所一般能接受半日左右的日照。所以，我们在种植此类植物时应使其成为杂木树丛的"防护林"，让中型木充分伸展枝叶以接受必要光照。

而且，这些中型木不仅能保护下层植株免受过多光照，还能在树丛周围形成树荫以防乔木及中型乔木受到地面反射热的影响。

灌木 在中型木的浓密树荫下栽种着马醉木、珊瑚木、枸木等常绿灌木，同时在树丛边缘的日照区混栽着棣棠、绣球花、紫珠、腊梅、杜鹃等各季花木以进一步增加观赏性。

地表植物 在树丛下方混栽着禾叶土麦冬、紫金牛、鳞毛蕨、麦冬等杂木林林床植物，它们能让杂木庭院的生态系统更加稳定。不过，应将这些林床植物种在有阳光穿过的疏松的树荫下。同时，地表处树荫还能有效抑制杂草生长，更便于人们管理。

杂木庭院中的树木多来自森林，令其独自生长在都市中是非常不现实的。为能在城市中充分享受杂木庭院的乐趣，通过混栽实现不同树木在有限空间中的共生共荣，就需要巧妙调整不同树木所需的光照量。

栗子林中的落叶池。堆积于此处的落叶会变成腐叶土或用于堆肥，从而还原给农田。

落叶箱。收集庭院中落叶及杂草用来制成腐叶土，然后还原给菜园。

变为腐叶土的落叶和杂草。落叶与杂草经半年至一年左右就能制成肥沃的腐叶土。将落叶和杂草还原给土地，杂木庭院堪称最出色的"自然教材"。

巧用落叶与杂草

生活在绿意丰饶的杂木庭院中，免不了清理落叶及杂草。其实，我们无须将这两项工作当成负担，可以想一些能有效利用落叶与杂草的方法。

1 利用落叶制作腐叶土及堆肥

每年飘落的树叶也是树木带给我们的一种恩惠。通过积极有效地利用这些落叶能进一步加深对"人与自然和谐共生"的理解，同时也让我们对大自然更加心怀感恩。

其实，落叶自古以来就是制作腐叶土及堆肥的不可或缺的生活资源，人们经常去山里收集落叶加以利用。

然而，如此宝贵的地球资源现在却被当作可燃垃圾而被烧掉，这样不仅浪费资源还会排出大量CO_2。如果将落叶收集起来做成腐叶土而还原给土地，就能孕育出更多新生命。

落叶并非垃圾，而是能肥沃土地的宝贵资源。尤其在杂木庭院中，每年都能收集到大量落叶。

最大限度地利用大自然给予我们的恩惠，才能充分享受到杂木庭院带来的乐趣。

2 打造易于管理杂草的庭院

POINT 1 通过增加树荫抑制向阳处的归化植物*

如芒草、一枝黄花、一年蓬、苏门白酒草等生长旺盛且株高较高的杂草大多只能生长在向阳环境中。

我们可以通过在夏季增加树荫让这些杂草逐渐从庭院消失。

其实，生活中常见的杂草几乎都是外来的归化植物，这些植物很难进入原有的、稳定的多层群落森林中。

如果杂木庭院是一个多层次、健康而稳定的生态系统，那么地表附近的杂草就能在背阴环境中正常生长，从而逐渐成为类似"林地杂草"的林床植物。如此一来，进入庭院的杂草也会成为庭院生态系统中的一部分。

POINT 2 清空树底空间更便于管理

照片1为打理后的杂木庭院。其中，给树木底部紧实培土，让树下几乎不生长任何杂草，在树根部外周种有耐阴性较强的天然草坪。

栽种树木数年之后，树底部树荫会越发浓密，而进入树底部的杂草也逐渐被驯化。不过，在庭院竣工2年左右的期间，我们还需适时进行除草。此时，清空树底空间不失为一种管理杂草的有效方法。而且，清空树底还能加强根部的通风性，有效抑制豹脚蚊的大量繁殖，同时也让树木更显美观。通过增加树荫、清空树底能显著提升庭院的舒适度。只有易于维护管理的庭院才能最终成为让人久赏不厌的庭院。

春季近山中，密布于林床的鹅掌草。斑驳阳光下的杂木林林床上，各种野草将地表点缀得苍翠可爱。

在笔者事务所的庭院中，由于夏季时枹栎、栎树会形成树荫，所以院内杂草十分稀疏。即使在夏季也只需每2个月除一次草，管理起来十分轻松。

照片1　给树底培上土，能让外观更清爽。

* 归化植物：指原来不见于本地，从外地传入或侵入的植物。又称"驯化植物""外来植物"。

切勿破坏正常的地表状态

清除杂草最好选在春季至初夏的生长期进行，此时清理地上部分植株就能有效抑制杂草的长势。

在春季至夏季期间，很多杂草会将地上部分生成的养分输送到根部，从而促进地下部生长。如果此时对杂草放任不管，根部就会充分吸收营养，进而加速植株生长。

因此，为了有效抑制多余杂草的生长，可选在初春至梅雨季期间清理地上部分植株。

其中，仅有乌蔹莓等通过地下茎增殖的部分植株需要清理根部。除此之外，其余植株均可在此期间在不破坏较硬地表的同时清理地上部植株进行杂草管理。

如果庭院地表较硬，则能间接抑制杂草发芽，而且及时清扫落叶还能使地表在数年后覆盖一层漂亮的青苔，而适量青苔能有效抑制外来杂草的生长。如果在清理杂草时为了"根除"而翻动地面，就会破坏土地原有的稳定状态，反而会促进杂草生长。

此外，打理草坪也与此相同。我们可以在植株的较高位置修剪草坪，由此与草坪共生的矮株杂草便留了下来。这样做是为了避免阳光直接照射到地面，因为强烈的阳光会刺激杂草生长。而且，对于生长点靠近地表且植株特性类似于草坪的天胡荽、早熟禾、绶草等部分矮株杂草，在与草坪共生的过程中也逐渐成为稳定的庭院生态系统中的一部分。因此，对于草坪而言，此种状态就是健康的生长状态。如此管理草坪不仅能比单纯的割草作业轻松很多，同时也让杂木庭院更有野趣。

在稳定的多层群落森林中，这里杂草非常少，地表显得极为清爽。

进入庭院的地苔。适当调整土地状态能促进适合在庭院内生长的青苔生长。

覆盖青苔的庭院地表。如果地表能保持长久稳定就能自然生出青苔，如此便能打造出既美观又便于管理的庭院环境。在清理地表杂草时切勿翻动地面。

杂草也是庭院中的一道风景

"为什么会有杂草呢？"也许这是地球帮助土地进行自身修复的一种特殊手段。如果只是一味地消除杂草就会不断促进杂草再生，从而无法摆脱杂草的消极影响。

其实，我们不妨将杂草视为庭院中的一道风景。没有人会喜欢满是杂草的庭院，不过，对于极具自然气息的杂木庭院而言，我们可以在遵从杂草特性的基础上合理管理，这样既不必耗费过多精力又能实现树木与杂草的和谐共生。

只有在遵循自然规律的基础上建设庭院、管理院内树木与杂草，才能充分享受到杂木庭院带来的乐趣。

长在杂木庭院斑驳阳光下的天然草坪。营造半背阴环境不仅能充分抑制杂草生长，还能让炎炎夏日里的园艺活动更轻松。

庭院中生活着各种昆虫和鸟类。无论是树上、地面还是土里都分布着各种生物，这正是大自然的特征之一。在健康的森林环境中，各种生物都处于不增不减的平衡状态。因此，我们也有必要思考一下在将来的杂木庭院中，如何处理人与昆虫之间的关系。

1 庭院中的益虫与害虫

无论是动物、植物还是森林中的各种生物都在当地生态系统中发挥着一定作用。

然而，人类却根据自身喜好将某些具有平衡生物系统功能的昆虫称为"害虫"。可见，"害虫"一词完全来自于人类的主观判断。如果非要对"害虫"加以定义的话，符合以下2种情况的昆虫可称为"害虫"。

·啃食树木并对树木造成伤害的昆虫。

·攻击人类并对人类造成伤痛的昆虫。

除此之外，某些外表奇怪、令人见之不快而被捕杀的昆虫也会被称为"恶感害虫"。

反之，我们将食用害虫的昆虫称为"益虫"，但有时有些益虫却被当作"恶感害虫"而遭到灭杀。

将来的杂木庭院旨在实现人与树及各种生物的和谐共生，这对于打造适于人类的舒适生活环境具有极其重要的意义。

2 庭院中杂木为何会出现病虫害？

西瓜虫能吞食落叶并将其分解为土壤，却经常被人当成害虫。如此狭隘的想法很难创造出良好的自然环境。

以枫树、橡树及柿树等树木叶片为食的刺蛾幼虫。如碰触其绒毛会有刺痛感，是最具代表性的庭院害虫之一。

瓢虫的种类很多，主要以蚜虫、介壳虫及白粉病菌为食，堪称最宝贵的庭院益虫。

利用天然防虫网捕获豹脚蚊的络新妇蜘蛛。尽管该蜘蛛对人类完全无害，却被当作害虫而备受嫌弃。

毛虫之一——美洲白蛾

美洲白蛾是原产于北美的蛾类幼虫。在二战结束后，该昆虫随美军一起来到日本，由于它大量啃噬城市中樱花等落叶树树叶而广为人知。美洲白蛾一次的产卵量能超过1000个，加之它食欲极其旺盛，所以能在数日内就吃光一棵树的树叶。

当时，很多人都担心这种繁殖力超强的外来生物会不会将日本所有的落叶树都啃噬一空。然而，这种昆虫虽能在城市街道树及生态情况不佳的庭院内大量繁殖，却很难侵入生态系统完善的多层群落森林。

非自然环境诱发大量害虫

在丰富而健康的森林生态系统中，各种生物通过互相竞争而保持微妙的平衡关系，从而实现和谐共生。因此，作为外来物种的美洲白蛾在这里根本没有生存空间。

由此可见，我们在对付害虫时不能只想着一味灭杀，而应该重新审视街区环境是否自然，庭院内植物布局是否合理，因为这些都是导致外来害虫大量繁殖的关键因素。

正所谓"独木不成林"，树木正是在与周围各种生物的平衡关系中生存的。

可以说，树木周围的所有动植物都是维系树木健康的"保护伞"。如果突然失去这层保护伞而将树木强制性移栽到严苛的城市环境中，那么树木势必会承受压力，进而失去活力，最终影响其寿命。

尤其是那些无法适应当地环境的树木会逐渐出现病弱情况，在受到病虫害侵害时会慢慢枯死。

自然系统中存在着一定之规。无论人类医学水平多么进步，人体自身的抵抗力也会受到环境因素和衰老的影响，因此很多原本可以抵抗的疾病会变得无法抵抗，最终只能走向死亡，这也是所有生物都无法摆脱的宿命。

在自然界中，那些无法适应环境而逐渐衰弱的树木会成为病虫害攻击的目标。其实，这不过是整个森林进行植被迁移及自然更新过程中的一环。

树木发出的SOS

如果庭院树每年都会出现严重的病虫害，说明树木在发出求救信号。此时，我们需要充分考虑周围环境的微气候是否出现问题，比如种植方法是否正确、根系发育是否正常、土壤及大气是否有污染以及树木是否吸收过多反射热等。总之，为了维系树木健康，最重要的就是打造健全的庭院环境。

美洲白蛾

在茂盛的多层群落森林中，多生物的拮抗作用能充分抑制某种特定生物的大量繁殖。

在严酷的高山环境中，很多大树因不抗风雪而逐渐衰弱，不久便会彻底枯死。然而，树下的很多幼树却在"互竞互助"的过程中越发苗壮，很快就会长成一片新的森林。

单棵栽种于人行道上的已枯死的榉树，其树干部树皮已溃烂脱落。在此种环境中单棵栽种树木势必会缩短树木寿命、加速树木老化。可见，对于树木而言，良好的生长环境多么重要！

3 随意喷洒农药易引发大规模病虫害

喷洒农药不但会杀灭害虫，还会杀灭益虫，从而严重影响庭院的生态环境。而且，农药会通过叶片、树干渗透至土壤，并对土壤环境造成损伤，进而危害植物根系健康。

害虫和病原菌之所以多发是源于它们已对农药产生抗药性（农药抗性），所以仅靠喷洒农药是很难彻底杀灭害虫的。

以蚜虫为例 栗大蚜是蚜虫的一种，经常附着于枹栎等落叶杂木上吸取树木汁液，同时它的分泌物还极易引发皱叶病和煤污病。近年来，在城市庭院及旱田中经常能见到此类害虫。

雌性蚜虫在每年的春季至秋季能通过无性繁殖（单独个体复制自身基因进行增殖）来增殖个体，其产下的幼虫经5~10日生长又可继续进行无性繁殖。因此，哪怕喷洒农药之后仅剩下一只蚜虫，它也能在短时间内大量繁殖。另一方面，能够食用蚜虫的瓢虫、草蛉幼虫、螳螂等益虫的生长周期较长，也难产生抗药性，会轻易被农药杀死。如此一来，生长周期较短的蚜虫、二斑叶螨、杜鹃网蝽等害虫就会在没有天敌的环境中加速繁殖。

此外，蚜虫还易集中出现在移栽不久后的杂木以及移栽后不适应环境的蔷薇花木等生长状态不佳的树木上。此时喷洒农药会进一步损伤树木，使其成为害虫最佳的攻击目标。

在城市庭院中，大规模爆发某种特定虫害的主要诱因在于脆弱的生态环境以及不堪环境重压的病弱树木，而反复喷洒农药很可能就是导致这种情况的原因之一。

食用栗大蚜的瓢虫幼虫。该幼虫食欲十分旺盛，据说1只幼虫长至成虫时会食用500只以上的蚜虫。不过，该幼虫对农药的抗性较弱，很容易被农药灭杀。

群生于落叶树上的大型栗大蚜。

4 农药使用情况及不依赖农药的病虫害防治策略

喷洒农药不仅会破坏庭院的生态系统、引发特定虫害的大规模爆发，还会严重损害人类健康，此种情况已逐步得到证实。

在平成19年（2007年）1月，日本环境省及农林水产省向各都道府县知事、政令市长发布了"关于住宅地使用农药"的告知书。

现将该告知书的部分内容提炼如下：

（1）严禁定期喷洒与病虫害发生及受害无关的农药。应尽早发现病虫害，同时根据受害情况采取相应措施。

（2）尽量选择不易发生病虫害的树种并努力改善土壤环境，优先采取人为捕杀、剪除病枝等物理方法消灭害虫。

（3）对于不得不喷洒农药的场合，不建议采取涂满树身、树干注射等喷洒的方法。

（4）应将喷洒农药作为最后手段，同时严守稀释倍数，只针对出现害虫的部位喷洒农药。

由此告知书可知，国家及各地方自治体在管理公园及街道树木时，应尽量不依赖于农药。

农药不仅影响人类健康，还在破坏生态系统的同时引发特定病虫害，以致严重损害树木生长的基础。日本的庭院、农田使用农药是在二战后的60年间。在这漫长的岁月里，通过在庭院喷洒农药而将各种生物尽皆灭杀的做法显得粗暴而荒唐。

现在，人们逐渐开始尝试不用农药进行病虫害防治。而且，越来越多的造园师也赞同这种做法。那么，对于必然发生的虫害，我们应采取何种策略呢？下文将稍作介绍。

病虫害防治方法

刺破树干中的天牛虫蛹并将其挑出。

树干处圆洞为小星头啄木鸟啄出的孔洞。

如果在杂木根部出现洞穴并伴有木屑，说明其中很可能生有天牛幼虫。

木醋液能将辣椒中的杀菌成分（辣椒素）分离出来，由此做成的天然农药在最近广受关注。

天牛是最让人头疼的庭院害虫，它能在树干产卵，幼虫会啃噬树木组织。一旦发现成虫，应立即捕杀。

天牛是庭院中最让人头疼的害虫之一，它经常在树根部打洞产卵，导致枫树等杂木枯萎。一旦发现天牛成虫，最好使用军用手套等将其包住，然后用脚踩死即可。

如果发现杂木根部出现孔洞并伴有木屑，说明其中生有天牛幼虫。此时，可用铁丝等物深刺洞中以杀灭幼虫。

由于天牛啃噬的树洞比较深，用铁丝很难穿透洞底。此时，我们可以使用导管做成喷射管，将稀释10~30倍的木醋辣椒液喷入洞中，将洞中天牛驱赶出来。

此外，小星头啄木鸟还能通过识别天牛幼虫的声音及气味来捕食幼虫。树上出现的规则圆形孔洞多为该鸟啄食形成。

可见，将食用害虫的益鸟吸引至庭院中才是对付害虫的最佳方法。

喷洒液体纤维素能抑制刺蛾幼虫生长，使其动作变迟钝，便于捕杀。

刺蛾的蛹。形如鹌鹑蛋的蛹一旦羽化成成蛾，就会继续在树根部产卵，所以我们应趁着蛹期将其捕杀，以防发生刺蛾虫害。

碰触刺蛾幼虫时，会有电击般的疼痛感，该害虫极易出现在生长状态不佳的树木上。而且，此类害虫经常吸附在树叶上，很难被轻易打落。

刺蛾虫害容易发生在因干燥等环境压力而出现病弱的树上，但多数不是群生，所以可以用一次性筷子或戴着橡胶手套捕杀。

为防止出现刺蛾虫害，应定期给叶片喷水，以冲掉那些小弱幼虫。同时，一旦发现刺蛾蛹，应趁其尚未羽化而尽快捕杀。

其实，刺蛾的天敌有很多，比如寄生蜂和鸟类。如果庭院的生态环境较为健康，偶尔出现几只刺蛾也不必过分担心。

在城市中的山茶及茶梅树上经常大规模爆发茶毛虫虫害。该虫食欲旺盛，能将叶片啃噬一空。而且，残留在死虫及虫壳上的绒毛带有剧毒，一旦碰触会引起剧痛，所以茶毛虫是极其危险的一类害虫。

对付茶毛虫有两种方法，第一种为"叶片喷水法"。即，在茶毛虫多发的5—6月上旬以及8月下旬至9月上旬，用水猛烈冲洗树叶，以冲掉小弱幼虫。

碰触茶毛虫绒毛会引起剧痛，它是庭院中最令人厌恶的一类害虫。

此方法对于杀灭多种害虫虫卵及蚜虫、介壳虫幼虫等均较为有效。

第二种方法是一旦出现茶毛虫虫害，应趁虫害尚未扩大之时剪去发生虫害的枝条，并将其装入袋中烧掉或用脚踩踏。

另外，喷洒液体纤维素（详见P140）能堵塞茶毛虫及蚜虫的气孔，使其窒息而亡。

叶蜂

叶蜂常于春季产卵，可在4—5月期间通过"叶片喷水法"或是喷洒稀释300倍的大蒜木醋液来将其杀灭。另外，喷洒液体纤维素也能有效防止虫卵孵化。

一旦虫卵孵化为幼虫，就会啃噬落叶树的柔软嫩叶。因此应尽早发现虫卵，并在虫害尚未扩大之前用水清洗叶片上的虫卵或幼虫。当出现叶蜂虫害时，我们可以选择喷洒无农药喷雾、涂抹液体纤维素或是直接捕杀，不过这些方法都较为费时。其实，只要在不使用农药的前提下放任不管，不久之后鸟儿、寄生蜂等天敌就会吃掉这些叶蜂，如此便能消灭这些害虫。

由于发生叶蜂虫害的时期有限，而且它也很少导致树木病弱，所以在灭虫时只需适当降低其数量即可，之后的事情就交给它的天敌吧。

啃食柔软新叶的叶蜂幼虫。　在枫叶上产卵的一种叶蜂。

方便好用的无农药喷雾

现在，市面上能见到各种无农药喷雾。不过，在使用前必须知道这些喷雾并不能彻底杀灭害虫。

过度使用农药会严重影响环境，甚至间接促进害虫繁殖。

就我个人的经验而言，仅依靠无农药喷雾无法彻底杀灭害虫。

因此我们在管理庭院时，只要能保证不让虫害大规模爆发，不危及树木及庭院健康，同时也不至于严重影响人们的居住环境即可。

以液体纤维素为主要成分的无农药喷雾能堵塞蚜虫等害虫的气孔，防止虫卵孵化，同时对人、树无害。

因喷洒液体纤维素而扭动掉落的舟形毛虫。此方法能有效驱散啃食枹栎等落叶树的群生型大型毛虫。通过晃动树枝或给叶片喷水可使这些被喷药的毛虫掉落到地面，然后将其处理掉即可。

5　营造不惧病虫害的庭院环境

喷洒活性剂

使用软管给叶片喷洒树木活性剂能活化叶面微生物，而微生物与共生菌形成的拮抗作用能充分抵御病虫害的侵袭。而且，活性剂还能促进叶片健康生长，加速光合作用等其他生理活动。

该喷洒剂由市售的植物成分活性剂与木醋液等混合而成。最近，市面上能看到各种各样的叶片喷洒剂，其具体配制方法也多有介绍。

喷洒叶面微生物活性剂（树木活性剂）。

可根据需要配制喷洒剂。

飞到庭院中的杂食性白脸山雀能吃掉各种毛虫和青虫，而水缸则是吸引此类鸟儿的重要景观设施。

水缸不仅能美化院内景色，还能充分丰富院内的生态系统。

青蛙能吃掉青虫、叶蜂、椿象等多种昆虫，堪称生态系统中的重要成员。

为了能吸引那些食用毛虫、青虫的鸟儿来到庭院，可以在院内放置水缸。

同时，在缸中放入几条青鳉鱼以抑制孑孓繁殖。如果不放入水草，青鳉鱼会不停地吃掉孑孓。可见，设置水环境能进一步丰富庭院的生态系统。

只要庭院内树木生长状态良好，就能有效预防病虫害的大规模爆发，这也是庭院病虫害防治的最佳策略。

病虫害防治的基本原则是尽量依靠自然状态下的拮抗作用及树木自身的抵抗力，当这种自然平衡出现紊乱时，可通过人为手段适当调节以帮助树木重新恢复元气。

关键是我们必须要了解人为建造的街道、庭院等绿地的实际情况。

我们应根据当地的风土情况，选择健康的混栽方式，同时通过加强通风、调节光照而营造出利于树木生长的良好环境，这也符合之前提到的"打造杂木庭院"及"维护与管理"的初衷。

酷似天然林的杂木庭院不仅利于树木生长，还让人们备感惬意。

相信今后，将庭院打造成一个完整生态系统的思维方式将会获得更多人的认同。

竣工5年后的杂木庭院。在庭院刚竣工一两年时，偶尔会出现美洲白蛾、刺蛾及茶毛虫等虫害，但随着植物根系发育的逐渐稳定，现在已很少发生严重虫害。所以，营造让树木健康生长的庭院环境才是预防病虫害的最有效方法。

关于今后防灾林建设的几点思考

明治42年（1909年）竣工的凉亭。正因为当地原有的多层常绿树林才使该建筑得以完好保存。

东京下町。清澄庭院外周的丰饶树林，从外看去宛如一道绿色围墙。

暖温带气候区的主要树种——红楠。由于该树叶片厚实，抵御火灾的能力极强，在当地甚至有"一棵红楠等于一辆消防车"的说法，使其得以广泛种植。

乔木及乔木下方的中型木、灌木、各种杂草构成了层次分明的有机整体。

1

发生严重灾害时守护人们的『生命之林』

下面，让我们看一下位于东京都江东区的都立清澄庭院。在该庭院周围，至今仍环绕着以东京地区原有常绿树为主体的多层次边界林。

该边界林中生长着红楠、栲树等大型乔木，在乔木下方逐层分布着细叶冬青、山茶、舟山新木姜子、枳木、珊瑚木等地区原有潜在自然植被树种，由此构成了苍翠的立体化森林。

该庭院土地由日本三菱财团创始人岩崎弥太郎于明治11年（1878年）购得，庭院于明治13年（1880年）竣工。

在江户时代，此处建有下总关宿（即现在日本三重县龟山市的木崎地区至新所地区）藩主久世一族的别墅，所以庭院外周已有以照叶树为主的潜在天然植被林。当时，人们已将这片树林作为庭院外周林加以充分利用。

减少二次灾害

位于东京的人口密集区下町，至今仍保存着一条由天然植被构成的绿色林带。该林带建于明治13年（1880年），当时是以庭院形式修建而成的。之后该地区发生了两次少有的天灾人祸，正是这条林带保护了很多居民的生命。

第一次天灾是发生于大正（1912—1926年）末期的关东大地震。该庭院周围因大地震而变成一片火海，而这一带的伤亡人数仅有几万人。因为庭院外周的照叶林并未在火中燃烧，

从而成功保护了逃到庭院中的两万名居民。

第二次人祸是第二次世界大战时东京遭到的大轰炸。当时，美军投放的大量燃烧弹将东京变成了一片火海，居民死亡人数超过了10万。而这片林带不仅抵御了从上空掉落的燃烧弹，还有效抑制了周围火势的蔓延，从而使逃到此处的大批市民获救。

在这两次前所未有的巨大灾害中，这片林带成了市民的避难所，使数万人得以获救。

当地照叶林的作用

尽管岩崎家族在修整庭院时栽种的很多树木及院内的大量建筑都因灾害而被烧毁，但是历史悠久的外周林却能抵御火灾而存活下来，其原因就在于构成这片外周林的是当地原有的照叶林。

照叶林气候区的主要树种红楠、栲树等常绿阔叶树抵御火灾的能力较强，自古以来就作为防火宅地林而被栽种于房屋周围。只要将这些树木种于当地原有的乔木下方，适应于当地环境的原有植物种群便会逐渐渗入，从而很快形成一片丰饶的多层次群落森林。

由此形成的绿色围墙不仅能抵御火灾，还能使人们和城市免受台风、海啸以及土沙灾害等自然灾害的影响。

图1 暖温带气候区的代表性树木——大叶栲的根系

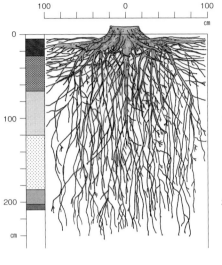

深扎土中的大量直根在生长过程中又不断分出更多细根。该树种的耐盐性较强，即使在含有一定盐分的海边土地也能正常生长。
树干直径25cm，树高15m，树龄55年，最长根系240cm。
生长地：具有一定湿度的黑土带（关东地区）、目黑地区、林试地区（指东京都目黑区下目黑及品川区小山台周围区域）。

图2 枹栎和栎树的根系

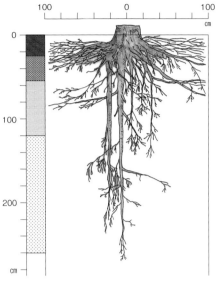

水平伸展的浅层根与竖直深扎的垂直根一目了然。
树干直径26cm，树高16m，树龄40年，最长根系280cm。
生长地：具有一定湿度的黑土带（关东地区）、目黑地区、林试地区。

守护水田的镇守林（千叶县茂原市柴崎神社）。

由多种树木形成的立体化繁茂森林，在夏季置身其中让人倍感清爽，充分感受到大森林的气息。

2 树木根系的防灾功能

很多地区的原有树种渡过了几百年甚至上千年的生长过程，通过克服各种天灾人祸而逐渐成长为经久不衰的生命之林，所以它们对灾害的抵御能力自然很强。

过去的日本人就是通过有效利用这些树木来抵御各种自然灾害，进而守护自己的生活环境。

镇守林与树木根系功能 现在，我们依然能在很多神社及寺院周围看到苍翠繁茂的镇守林。作为日本很多村落膜拜的镇守神，其树龄达千年以上的不在少数。

环绕神社、寺院的镇守林常被作为神的居所而受到人们的守护与膜拜，同时这些镇守林长久以来保护人们及建筑物免受台风及龙卷风的侵袭，深扎土中的树根不仅能防止发生水土流失及土沙灾害，还能蓄积土中雨水以防出现洪灾。由此可见，树木的守护有力保障了包括人类在内的多种生物的正常生长。

天然树木实现防灾机能的关键就在于植株根系。

构成潜在自然植被林的乔木根系深扎于土中，这些广泛伸展的根系有力加固了土壤。另外，土中有机物会随着根系生长而不断输送给树木，使得土壤中生物更加丰富，在提高土壤保水力的同时还提高了土壤抵御洪灾的能力。

尤其是温带气候区的潜在性主要树种——红楠、栲树及橡树等常绿乔木，它们的根均为深根性根系，其根部深扎土中的同时还能分出更多细根，由此提高土壤的保水力与凝固力，使其免受灾害影响（图1）。此外，由于这些树种的耐盐性较强，也常被用作海岸的防风林或防潮林。

树种与根系特点 树木根系情况因树种而异。对于构成杂木林的枹栎、栎树而言，其根系清晰地分为两种，一种是横向伸展于有机物较多的土壤中的表层根，另一种是垂直深扎土中的垂直根（图2）。其中，生长较快且能深入土中的垂直根能有力翻动深层土并从中吸取水分，从而使树干能抵御强风。

图3　生长于地下水位较低且土质为干沙的黑松根系（A）
与生长于地下水位较高且土质为湿沙的黑松根系（B）

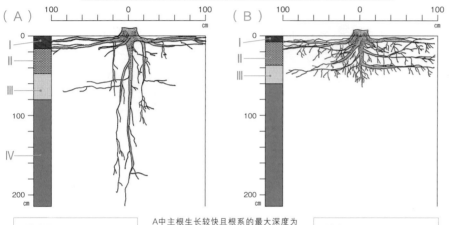

A沙土层
Ⅰ层：细沙
Ⅱ层：混有砂砾的粗沙
Ⅲ层：细沙
Ⅳ层：粗沙

A中主根生长较快且根系的最大深度为210cm，而B中根系生长较差，根系最大深度不过60cm。
A中树干直径为24cm，B为26cm；A树高为8m，B为9m。

B沙土层
Ⅰ层：细沙
Ⅱ层：混有砂砾的粗沙
Ⅲ层：细沙
下层黑色部分为地下水

在枹栎、栎树等深根性杂木旁种植中型乔木伊吕波红叶及中型灌木，可使其根系互相缠绕在一起。由此，整个树群根系便形成一个整体，成为能抵御台风的强大植物群。

与森林中生长缓慢的栲树、红楠等常绿树相比，枹栎、鹅耳枥等落叶树经人工采伐及移栽后能快速生根以支撑树体，从而形成丰饶的杂木林。

因此，此类树木非常适合在庭院及街道种植。

对于健康的枹栎而言，如果能在冬季至春季时种植，它就能在梅雨季至夏季期间快速生根，因此在常有台风的秋季即便不用支柱固定，充分抓牢土地的树根也足以支撑树体。

另外，让杂木庭院中的树木形成多层次群落可使其根系互相缠绕，从而构成一体化树群。这种树群不仅能抵御强风，避免暴雨造成的水土流失，还能通过在土中蓄积水分来抵御台风、沙尘以及夏季强光对树木的侵害。

可见，这种多层次群落植物的优势是单棵种植所不能比拟的。

潜在天然林根系的强韧程度在日本东北大地震中得到了证实。当时，沿海岸统一种植的黑松防潮林在巨大的海啸面前不堪一击，而作为东北地区太平洋沿岸主要潜在天然树种的红楠、栲树等却抵御住了巨大海啸的侵袭，而且在灾害过后又重新发芽生长。

其实，黑松是生有粗壮直根的深根性树种，不过其根系只有在生长环境适宜、生长状态良好的条件下才能正常发育。

如图3（A）图所示，当地下水位较低时，黑松根系的发育情况比较正常，深入土中的粗壮的直根能有力支撑粗大的树干。

然而，如图3（B）图中，如将黑松种于地下水位较高的海岸地带，其根系便无法深入含有地下水的土中，从而使根部仅能水平伸展于浅层土中。如果黑松的粗壮直根无法深扎土中，它就无法支撑粗重的树干。

种于千叶县九十九里滨的黑松防潮林显得单薄而脆弱，而且这些树木会逐渐枯死。尽管当地政府从几十年前就不断补种黑松，但树木的成活率还是很低。

这样的防潮林根本无法起到保护街区的作用。尽管黑松的耐盐性很强，但将其种在地下水位偏高的平坦地带则无法使根系正常发育。

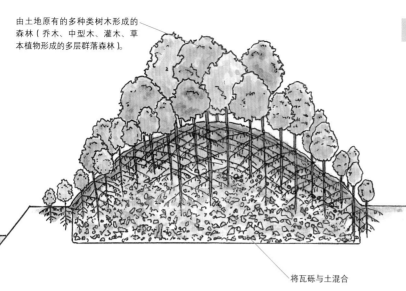

由土地原有的多种类树木形成的森林（乔木、中型木、灌木、草本植物形成的多层群落森林）。

图4 由潜在自然植被林形成的绿色防潮堤

瓦砾与土壤之间的空气层能促进树根深扎土中，而且紧缠瓦砾的根部还能让树体更加稳固。很多有机废物经过长时间降解后都能重新变为土壤。

将瓦砾与土混合

3 将来理想的防灾林

在九十九里滨的黑松林周边，还有很多适应当地自然环境且生长状态良好的树木。除了滨柃、厚叶石斑木以外，海桐、厚皮香、日本石柯、杨梅等均能在此环境中正常生长。

也许是受到江户时代风景画中海岸松林的影响，现在很多地区都喜欢沿海岸线种植黑松林作为防潮林。然而，人工种植的黑松很难适应当地环境，也无法长成画中绘就的美丽松林。

如果不尊重树木自身的生长环境而随处种树，就根本无法形成真正意义上的防灾林。在日本东北大地震中，受灾地区沿岸的松林被摧毁殆尽就是一个惨痛的教训。

只有长期生长于当地的潜在自然植被林才能有效克服当地各种灾害，在保护当地居民免受灾害侵袭的同时，还可改善人们赖以生存的自然环境。

建造由潜在自然植被树种构成的防潮堤 日本地球环境战略研究机构国际生态学中心主任宫胁昭先生根据东北大地震的教训，提议在受灾地的太平洋沿岸地区海岸线栽种潜在自然植被树种以形成绿色防潮堤。该防潮堤总长达400km，堪称一道拥有丰富生态资源的绿色城墙。

该构想的主要思路是将受灾产生的瓦砾与土混合在一起，并在海岸线建起一道软型土垒，然后在土垒上密植当地潜在自然植被树种，如大叶栲、红楠等盆栽树苗。

盆栽苗高度仅为30cm左右，任何人都能种植，种植时在1m²区域内栽种3盆树苗，通过不同树种的密植混栽可使不同苗木之间形成自然竞争的关系，并最终长成健康的森林。

将去除有害物质的瓦砾与土混合并修建土垒，不仅能提高土壤的透气性和保水性，加高的土垒还能避免存水，是天然树木生长的最佳土壤环境。

如果种于此处的苗木能正常生根，几十年之后就能形成繁茂而强大的多层群落森林（图4）。

只有这样的森林才能充分抵御海浪、台风，守护沿岸居民的生活环境。而且，这种植根于当地的森林不仅是人类的生命之林，也是各种动植物的生命之林。

如果发生地震、海啸等大规模自然灾害时，这片根深叶茂的森林一定可以挽救很多人的性命。

发生于2011年的日本东北大地震给东北部太平洋沿岸地区造成了毁灭性灾害。我们应从中充分吸取教训，重新审视整个社会以及人与自然的相处方式，为将来再发生此类灾害时能充分保护我们的子孙后代。

无论是水泥堤坝还是人工栽种的黑松防潮林，在此次海啸面前都显得不堪一击。如果仅简单地将此次灾害认定为"偶然事件"，我们将无颜面对那么多的逝者！

其实，人类不过是巨大自然网络中的一员，在大自然面前人类的力量是如此渺小。因此，我们有必要重新思考今后文明发展的趋势以及人类应有的生活环境，这也是我们当代人对后代负有的重要责任与使命。

我认为只有充分了解树木特性，使其在人类社会中呈现出自然风貌，才有可能实现自然前提下的文明。

植物图鉴

杂木庭院

落叶杈

·乔木
·中型乔木

自然树形的枹栎。

树皮也非常漂亮。

常见树木

图鉴中所列树木不过是杂木庭院可栽种树种的一小部分。

杂木庭院用树应以在当地正常生长的天然树种为参考进行选择，所以只要是能适应当地环境的树木均可种于杂木庭院。另外，还可以在合理范围内，引入一些以灌木为主的花木或其他园艺品种，让庭院更富有情趣。

在修建杂木庭院时不必限定具体树种，而应设法将各种常见树种植入庭院，以此打造出健康的庭院环境。

*植物名旁的树高分类源自自然界中树高分类标准。其中，"乔木""中型乔木""中型木""中型灌木""灌木"在庭院种植时的树高为预计树高。乔木的预计树高为5~8m、中型乔木为3.5~4.5m、中型木为2~3.5m、中型灌木、灌木为0.5~2m。
*所标植物名并非正式的植物学名称，而是常用名。

枹栎 落叶乔木

分布地区：主要分布于日本北海道至九州的暖温带气候区，是最为常见的再生天然植被。
自然状态下树高：10~15m
庭院种植时树高：5~12m，乔木

暖温带气候区杂木林的代表树种，也是杂木庭院中最具代表性的乔木树种。该树易于种植，堪称改善庭院微气候的最佳树种。作为杂木庭院中的主要乔木，枹栎在遮挡日照、营造良好生态环境以及改善夏季热环境方面均起到极为重要的作用。

日本莲香树 落叶乔木

分布地区：主要分布于在日本北海道至九州的冷温带气候区的山间溪谷沿岸，常与春榆一起构成溪谷林。
自然状态下树高：20~30m
庭院种植时树高：6~12m，乔木

　　由于日本莲香树树干笔直、树形端正，混栽于杂木林中会显得不协调，所以较适合作为杂木庭院中的景观树或标志树。该树的心形叶片在呈现嫩绿或火红色时都极为漂亮，堪称杂木庭院中最受欢迎的树种。不过，要想让该树在暖温带气候区的庭院中正常生长，就要避免树木干燥，同时避免阳光直射树干。

栎树 落叶乔木

分布地区：主要分布于日本本州、四国、九州的暖温带气候区的山地及低洼地带，常与枹栎一起构成薪炭植物林。
自然状态下树高：15m左右
庭院种植时树高：5~12m，乔木

　　栎树与枹栎一样，都是暖温带气候区近山杂木林的代表树种。该树结出的大橡果很受孩子喜欢。由于该树为直根系，所以移栽大型树木时较为困难。该树树干为直向伸展且长势旺盛，因此不适于种在过于狭小的庭院中。由于该树树皮及树叶风格较为粗犷，与枹栎混栽时能营造出天然杂木林独有的野趣。同时，栎树还能通过竞争关系加快邻近枹栎的生长速度。

鹅耳枥 落叶乔木

分布地区：主要分布于暖温带气候区的山地及杂木林中。
自然状态下树高：15m左右
庭院种植时树高：5~10m，乔木

　　鹅耳枥是混生于枹栎、栎树等杂木林中的乔木。光滑的树皮上生有斑纹，具有不同于枹栎等杂木的另类美感。同时，风吹叶片的声音也格外动人。如放置不管，树干会逐渐变粗，与其他杂木型乔木竞争生长，长势会更加旺盛。

榉树 落叶乔木

分布地区：主要生长在日本本州、四国、九州的山地及低洼地带中土壤、水分条件较好的地区。
自然状态下树高：30~40m
庭院种植时树高：8~15m，乔木

　　因榉树的纹理漂亮，过去常作为高级家具材料及内装饰材料，甚至还作为神社、寺院的高级建材而备受人们喜爱。现在，在暖温带气候区的历史名居中还能见到高大的榉树。该树作为杂木庭院中的主树能让庭院显得独具一格。很多人因其树形过于高大而对它敬而远之，其实只要将榉树与其他杂木型乔木混栽在一起，就能有效控制其生长速度。由于该树树干不耐干燥，所以移栽时应搭配种植其他树木，以防树干被晒伤。

伊吕波红叶 落叶中型乔木

分布地区：主要分布于日本福岛县以南至九州的暖温带气候区的山地及溪谷地带。
自然状态下树高：10m左右
庭院种植时树高：4~6m，中型乔木

　　伊吕波红叶树的嫩叶和红叶都非常漂亮，是点缀杂木庭院不可或缺的树种。在城市中种植时，直射日光会引起树木干燥甚至晒伤树木，所以应将其种在枹栎等落叶乔木下方，同时注意遮挡夕照。背阴处的伊吕波红叶树纤细、柔美，其特有风韵绝非其他树种可比。

色木槭 落叶乔木

分布地区：主要分布于日本北海道至九州的暖温带气候区的山地以及太平洋沿岸高原的榉树林中，生长范围十分广泛。
自然状态下树高：20m左右
庭院种植时树高：5~8m，乔木、中型乔木

　　色木槭树叶叶形独特，其红叶也十分漂亮。如果想给庭院营造出高原风情，能正常生长于暖温带气候区的色木槭堪称不二之选。不过，在严苛的城市环境中，最好将其与其他乔木混栽于枹栎等树的树荫下，由此能有效缓解直射光对树木的影响。

红柳木 落叶乔木

分布地区：主要分布于日本北海道至九州的冷温带气候区及暖温带气候区的山地及杂木林中。
自然状态下树高：15m左右
庭院种植时树高：5~8m，乔木、中型乔木

　　红柳木与鹅耳枥一样常见于枹栎、栗树等杂木林中，由于叶形小于鹅耳枥叶，显得较为纤弱。该树生长较为稳定，属于较易栽种的杂木型乔木。该树作为中型乔木，还适合与枹栎、栎树等乔木混栽在一起。

山荔枝 落叶中型乔木

分布地区：混生于日本本州以南至九州的寒冷山地中的中型乔木，同时也是榉树林及脆栎林中的主要中型木。
自然状态下树高：10m左右
庭院种植时树高：4~8m，中型乔木、中型木

　　虽然将山荔枝树种在向阳处可促进树干生长，但为了保持庭院中中型乔木及中型木应有的自然树形，最好将其种在落叶乔木下方的半背阴环境中。

　　该树在春季至初夏时会开出纯白花朵，尤其在浓绿叶片的衬托下更显纯净无瑕。

假山茶 落叶中型乔木

分布地区：主要分布于日本福岛、新潟以南、四国及九州的冷温带气候区南部至暖温带气候区山地。
自然状态下树高：15m左右
庭院种植时树高：4~7m，乔木、中型乔木

假山茶树树皮生有花纹且树形端正所以备受欢迎。在庭院中种植时，应选择有日照的半背阴环境，如此能让树木缓慢而健康地生长。由于该树耐旱性较差，一旦受到强烈日照或夕照时，其干枯枝条会进一步衰弱，由此极易引发天牛等病虫害。

在杂木庭院中种植时，切勿选择树群混栽的方式，而应使其独立生长，同时避免树木上方覆盖其他枝叶。

小羽团扇枫 落叶中型乔木

分布地区：主要分布于日本北海道至九州的冷温带气候区山地。
自然状态下树高：8~10m
庭院种植时树高：4~6m，中型乔木

小羽团扇枫树形如孩童手掌的叶片十分可爱，枝条柔美、红叶多姿，深受人们喜爱。在暖温带气候区的庭院中，最好将其作为中型乔木栽种于杂木型乔木的树荫下，以使其免受阳光直射。如果乔木下方空间足以让枝条横向伸展，则更显意趣盎然。

山樱 落叶乔木

分布地区：主要分布于日本关东以西、四国、九州的暖温带气候区山地以及低洼地带的森林中。
自然状态下树高：25m左右
庭院种植时树高：6~10m，乔木

山樱树混生于杂木林中，适于生长在半背阴环境，因此可用于美化杂木庭院的乔木层。如与其他杂木型乔木混栽时，最好将其种在日照充足的树群边缘。

小婆罗树 落叶乔木

分布地区：主要分布于日本伊豆、箱根、近畿南部、四国、九州山地等暖温带气候区。
自然状态下树高：15~20m
庭院种植时树高：5~8m，乔木、中型乔木

小婆罗树的红色树皮十分漂亮，适于给庭院营造枝干绵延之感，是极受欢迎的树种。为能长久保持树木健康，须让上部枝叶接受日照，同时避免直射光照到下部枝干。此外，还应提高生长环境的通风性，营造良好的土壤及水分环境。

野茉莉 落叶中型乔木

分布地区：主要分布于冷温带气候区以及暖温带气候区山地及再生林中。
自然状态下树高：7~8m
庭院种植时树高：4~7m，中型乔木

　　野茉莉树在梅雨季伊始时会盛开大量白色小花，其清新、纯美的花形颇具魅力。该树叶片纤细，适于给杂木庭院营造变化感和层次感。虽然该树耐暑性较强，但树干极易被夏季强光晒伤，同时它又很难在树荫下正常生长。所以，最好将其种在树干处有树荫且枝端能接受日照的场所。

东亚唐棣 落叶中型乔木

分布地区：主要分布于日本岩手县以南的暖温带气候区山地及低洼地带的再生林中。
自然状态下树高：8~10m
庭院种植时树高：4~6m，中型乔木

　　东亚唐棣树又名"六月莓"，是极受欢迎的树种。由于树质十分结实，即使在城市的向阳环境中也能正常生长，因此可作为杂木庭院树群边缘的防护林，使其他乔木树干免受日晒。另外，该树的红色果实甘甜可口，是鸟儿的最爱。

玉铃花 落叶中型乔木

分布地区：主要分布于冷温带气候区山地溪谷周围等湿润地带。
自然状态下树高：6~15m
庭院种植时树高：5~8m，乔木、中型乔木

　　玉铃花树能正常生长于暖温带气候区，如作为庭院乔木栽种时，最好将其种在枹栎等构成暖温带气候区再生林的落叶乔木之间。该树的枝条及叶片赋予杂木树群以更多变化，尤其是春季低垂于枝头的白花更显美丽。

水榆花楸 落叶中型乔木

分布地区：主要分布于日本北海道至九州的寒冷山地森林及冷温带气候区。
自然状态下树高：8~10m
庭院种植时树高：4~5m，中型乔木

　　清爽的树干及叶片能让人充分感受到冷温带气候区树木独有的意趣。在暖温带气候区城市中，将其种在落叶乔木的树荫下可使树木正常生长。另外，水榆花楸树于秋季结出的红色果实还能营造出寒冷高原才有的自然氛围。

白蜡树 落叶乔木

分布地区：主要分布于冷温带气候区山地。
自然状态下树高：15m左右
庭院种植时树高：5~8m，乔木、中型乔木

　　白蜡树枝叶十分轻盈、动人，其白色花朵与极具野趣的树干也颇受欢迎。该树适应力较强，能正常生长于暖温带气候区的庭院中，不过需要一定程度的光照。如将其种在过于浓密的树荫下，树木长势会受到影响，甚至出现枯萎。
　　该树可作为庭院主树或作为中型乔木与其他落叶乔木进行混栽，此时应适当间疏上部乔木枝条，以使白蜡树枝叶能接受更多光照。

大柄冬青 落叶中型乔木

分布地区：主要分布于暖温带气候区山地及冷温带气候区的再生林中。
自然状态下树高：8~10m
庭院种植时树高：4~6m，中型乔木

　　大柄冬青树为雌雄异株，分别于5—6月开花，由于雌株结果需要雄株授精，所以应避免单棵移栽。该树的红色果实是冬季一景。该树耐旱性较强，不过不耐夕照，而且生长过程中还需要一定强度的日照。
　　在城市庭院中种植时，可将其种在其他乔木中间以避免日光直射，同时使该树枝叶能接受日照。

花楸树 落叶中型乔木

分布地区：主要分布于冷温带气候区山地，常作为榉树林中的小型乔木。
自然状态下树高：8~10m
庭院种植时树高：4~5m，中型乔木

　　花楸树生长范围较广，比较适于生长在暖温带气候区，不过树干一旦受到阳光直射就会出现衰弱。无论是秋季的红叶还是红果都非常美丽，其小巧叶片与柔韧枝条也颇具魅力。在杂木庭院中种植时，可作为中型乔木与其他树木混栽于半背阴环境中。

合欢树 落叶中型乔木

分布地区：主要分布于暖温带气候区的荒野、河槽用地及野地等处。
自然状态下树高：6~10m
庭院种植时树高：6~10m，乔木

　　合欢树常用作豆科植物的肥料树，在农田边缘经常能见到自然生长的合欢树，其清爽叶片和花朵能让人充分感受到夏季的乡野风情。尽量不要对该树剪枝，在宽敞的草坪空间仅需种植一棵合欢树就足以尽显其优势。

落叶树

·灌木 ·中型木 ·中型灌木

黄花乌药 <small>落叶灌木</small>

分布地区：主要分布于冷温带气候区南部以及暖温带气候区山地。
自然状态下树高：3~6m
庭院种植时树高：2~3.5m，中型木

　　黄花乌药树形如恐龙爪印的可爱叶片为杂木庭院更添几分柔美情趣。该树独有的黄色小花极易让人联想到早春时节的杂木林。将其种于半背阴环境中，能让枝叶更显柔美。

金缕梅 <small>落叶中型灌木</small>

分布地区：广泛分布于冷温带气候区及暖温带气候区，是山林中常见的中型木。
自然状态下树高：2~8m
庭院种植时树高：2~4m，中型木

　　金缕梅树具有一定耐阴性且适应环境能力较强，不过在向阳处种植会使枝干变粗，因此应尽量在乔木的树荫下栽种该树，以使其呈现出自然风貌。该树在发芽前的早春时节，枝端会开出黄色花朵，堪当杂木庭院中的"春天使者"。

夏茱萸 <small>落叶灌木</small>

分布地区：生长范围较广，常见于冷温带气候区至暖温带气候区的山地中。
自然状态下树高：2~5m
庭院种植时树高：2~3m，中型木

　　夏茱萸树富于野趣的枝条颇具魅力，是较适栽种在杂木庭院的树种之一。其红叶、黑果的对比极为有趣。不过，如果将山间的夏茱萸直接移栽至向阳庭院中，树木会因不堪暑热而逐渐衰弱；如果将其种在树荫过密的地方又会让树形显得太过厚重。总之，这是一种很难养护的树。

大果山胡椒 <small>落叶灌木</small>

分布地区：主要分布于冷温带气候区南部至暖温带气候区山地中的湿润场所。
自然状态下树高：5~6m
庭院种植时树高：2~3.5m，中型灌木

　　大果山胡椒树香气浓郁、枝条柔美，在有树荫的情况下能抵御城市暑热，而且发芽率较高，是杂木庭院中较易管理的中型灌木。该树极少出现病虫害，在暖温带气候区种植时，即使冬季也不会落光全部叶片，能为庭院中更添几分景致。同时，该树在早春盛开的黄花也非常漂亮。

大叶钓樟 落叶灌木

分布地区：主要分布于冷温带气候区南部至暖温带气候区山地。
自然状态下树高：3~5m
庭院种植时树高：1.5~2.5m，中型灌木、中型木

　　大叶钓樟树有樟科植物独有的香气，常被用于制作高级牙签。初春时盛开的花朵清爽动人，是杂木庭院中极具特点的中型木。该树在移栽时易伤损，但之后根部会生出新芽，枝干也会逐渐适应新环境。

吊花 落叶灌木

分布地区：生长范围较广，常见于冷温带气候区至暖温带气候区的山地中。
自然状态下树高：3~5m
庭院种植时树高：1.8~3m，中型灌木、中型木

　　吊花树盛开于柔韧垂枝上的白花形似烟花，极具魅力。果实常于花期过后的 6 月左右结出，然后颜色逐渐变红，到秋季时开裂的果实中会露出黑色种子，显得别有情致。

　　在杂木庭院中种植该树时，应将其作为中型木种于乔木或中型乔木下方以避免强光照射，最好选择通风良好的阴凉场所。

三叶杜鹃 落叶灌木

分布地区：主要分布于冷温带气候区至暖温带气候区的山地。
自然状态下树高：2~3m
庭院种植时树高：1.8~2m，中型灌木、中型木

　　三叶杜鹃树在一定程度的背阴环境中能正常生长，不过在完全背阴的环境中，树木长势会受到影响，树木也会逐渐衰弱。该树的耐湿性较差，土壤中的过多水分会影响其生长，所以应选择适度干燥且通风良好的半背阴环境，尤以坡地更佳。该树于早春盛开的紫色花朵让杂木庭院显得别具风情。

卫矛 落叶灌木

分布地区：生长范围较广，常见于冷温带气候区至暖温带气候区的山地中。
自然状态下树高：2~4m
庭院种植时树高：1.5~2.5m，中型灌木、中型木

　　卫矛与吊花同属卫矛科，但耐暑性强于吊花，而且还具一定耐阴性，是城市庭院中较易管理的中型木。该树枝条硬实，小巧的花朵并不惹眼，但较强的适应力与可爱的粉色果实让它独具魅力。

腊梅 落叶灌木

原产于中国的园艺树种
自然状态下树高：2~3m
庭院种植时树高：1~1.8m左右，中型灌木

　　腊梅树为园艺品种，在江户时代（1603—1868 年）早期经朝鲜传入日本。能在城市的暑热环境中生长，适于给杂木庭院中的其他植物底部遮挡夕照。

　　由于该树在向阳处长势旺盛，枝条会过于茂密，所以最好将其种在庭院中能接受半日光照的背阴环境中。

落霜红 落叶灌木

分布地区：主要分布于暖温带气候区，也能长于冷温带气候区南部山中。
自然状态下树高：2~3m
庭院种植时树高：1.8~2m，中型灌木、中型木

　　落霜红的耐阴性强，生长速度缓慢，尤其是雌株的红色果实能为庭院增色不少。如果将该树种于温暖地区的向阳处时，枝叶会长得过于粗大，所以最好将其种在半背阴或背阴环境中。由于该树在树荫下生长较慢且有一定的耐暑性，因此常用作城市杂木庭院中的落叶中型木。

蜡瓣花 落叶灌木

分布地区：适于生长在暖温带气候区及日本高知县的部分地区。
自然状态下树高：2~4m
庭院种植时树高：1.5~2.5m左右，中型灌木

　　蜡瓣花树耐暑性较强，能正常生长于都市庭院中。由于该树每年都会生出若干新枝，所以适时从根部砍去部分枝条能让枝叶保持柔软状态，从而更易于管理。该树在初春盛开的黄色花朵也格外亮丽。

日本吊钟花 落叶灌木

分布地区：主要分布于暖温带气候区山地。
自然状态下树高：1.5~2m
庭院种植时树高：1m左右，中型灌木

　　日本吊钟花树既耐日照也耐旱，无论是嫩叶、红叶还是花朵都十分美丽。虽然该树能生长在城市向阳处，但为了保持其纤瘦树形，最好种在半背阴环境中。这种耐日照的灌木能有效降低杂木植物群底部的日照强度，是非常实用的一种树木。

山茶 常绿小型乔木

分布地区：广泛分布于暖温带气候区，是划分气候带的定位树种。
自然状态下树高：5~15m
庭院种植时树高：2~4m，中型乔木

山茶是广泛分布于日本暖温带气候区的常见树种，不过因为该树多发茶毛虫而不再被人们喜爱。该树原本生长于树荫浓密且土壤的透水性及保水性都较好的山林中，而且也极少出现茶毛虫。该树绿叶与红花的对比格外漂亮，是非常适于暖温带气候区庭院的树种。

青冈栎 常绿乔木

分布地区：常见于暖温带气候区及关西以南地区。
自然状态下树高：20m
庭院种植时树高：3~6m，乔木、中型乔木

青冈栎树叶片非常漂亮，适于搭配枹栎等落叶杂木。因其耐暑性较强且有一定适应能力，适合种在城市庭院中，尤其在半背阴环境中能稳定健康生长。另外，最好将其作为中型乔木种在落叶乔木下方。

青栲 常绿乔木

分布地区：常见于暖温带气候区及关东地区。
自然状态下树高：20m以上
庭院种植时树高：4~8m，乔木、中型乔木

青栲树常作为关东地区房屋周围的防护林而栽种。由于该树叶片比青冈栎叶片更细小，所以更适于用作杂木庭院的外周林。该树较适于关东地区的气候及土壤环境，但因其发芽、生长都较为旺盛，最好种于落叶树下的半背阴处。

大叶栲 常绿乔木

分布地区：常见于暖温带气候区，是主要的潜在自然植被。
自然状态下树高：20m以上
庭院种植时树高：5~8m，乔木、中型乔木

大叶栲树在过去常用作房屋周围的防火林或防风林，而且还能抵御海风，其结实而粗犷的树干很容易勾起人们万千思绪。该树的嫩绿叶片闪亮夺目，果实还能食用。由于该树的耐阴性较强，为能合理抑制其生长速度，最好将其种于落叶树树荫下。在保证其枝叶充分伸展的前提下，该树一定能充分美化居住环境。

樟树 常绿乔木

分布地区：主要分布于日本关东以南的暖温带气候区至亚热带气候区。
自然状态下树高：20m以上
庭院种植时树高：6~8m，乔木

樟树香气独特且具防虫性的樟脑就是从樟树中提炼而成的。该树叶片光亮、独具风格，给人以明媚之感，适于单棵种于杂木庭院中，也可用作外周林或种于屋后。

细叶冬青
常绿中型乔木

分布地区：主要分布在日本关东以南的暖温带气候区至亚热带气候区的太平洋沿岸。
自然状态下树高：10m左右
庭院种植时树高：3~5m，中型乔木

　　细叶冬青树质结实，可多次剪枝，其发芽率和生根率都很高，一直以来都是常用的庭院树树种。在杂木庭院中，可将其作为半背阴型中型乔木或中型木种于落叶树下，由此能让枝条更显柔美，叶色也更加浓绿。此外，还可将该树作为遮蔽树墙种于房屋外周。

厚皮香
常绿中型乔木

分布地区：主要分布于日本千叶及东海道以南的暖温带气候区至亚热带气候区。
自然状态下树高：10~15m
庭院种植时树高：3~5m，中型乔木

　　厚皮香树与细叶冬青一样，是自古以来就不可或缺的常用庭院树。因其生长缓慢，即使放任不管也能自然维持优美树形，同时还可多次剪枝，其发芽率也很高。该树耐阴性较强，是最为理想的庭院树树种，适于种在杂木庭院外周或作为植物群中心的常绿树。

具柄冬青
常绿中型木·灌木

分布地区：主要分布于日本关东新潟以西地区，尤其常见于红松林等再生林中。
自然状态下树高：2~5m
庭院种植时树高：2~3m，中型木

　　具柄冬青树树质结实、耐旱性强、生长缓慢且极少发生病虫害，是城市庭院中非常便于管理的常绿中型木。不过，该树被广泛用于庭院种植不过是近几年的事。由于该树不生直根，单棵种植时很容易被大风刮到，所以最好作为中型木与其他杂木混栽在一起。将该树种于杂木树荫下时，其枝叶稀疏有致，能充分衬托出庭院氛围。

春一番杜鹃

杜鹃类
常绿灌木

分布地区：属于林边植物（即生长在森林边缘明亮地带的植物），在向阳区域的种类十分丰富。
自然状态下树高：1~2m
庭院种植时树高：0.8~1.5m，灌木

　　无论是吉野杜鹃还是春一番杜鹃，在杂木庭院种植时都应充分保障树木的生长条件。此类树木比较耐阴，尤其是非细叶品种更适合杂木庭院。

吉野杜鹃

日本石楠

石楠类
常绿灌木

分布地区：日本石楠主要生长在比较寒冷的山中。
自然状态下树高：1~3m
庭院种植时树高：0.8~1.5m，灌木、中型灌木

　　一般在庭院中，西洋石楠要比细叶的日本石楠更常见。虽然该树的耐阴品种较多，但日本石楠的耐阴性最为出色，尤其是它的纯白大花与翠绿叶片更适于杂木庭院的氛围。

乌冈栎
常绿灌木

分布地区：主要分布在暖温带气候区南部海岸的坡地等处。
自然状态下树高：3~5m
庭院种植时树高：1~2m，中型灌木

乌冈栎的耐盐性、耐暑性及耐旱性都很强，是非常适于城市庭院的树种。不过，将其种在向阳处时会使枝叶过于茂盛，从而破坏杂木庭院的自然氛围。因此，最好将其作为中型灌木与落叶树为主的植物混栽在一起，由此能延缓其生长速度，从而与杂木庭院的氛围更相称。

珊瑚木
常绿灌木

分布地区：主要生长在暖温带气候区的林床及树荫地带。
自然状态下树高：1~2m
庭院种植时树高：1~1.5m，灌木、中型灌木

珊瑚木零星分布于常绿林林床及山中的昏暗地带，并非常见的庭院树树种。不过，该树在背阴环境中能正常生长，其叶色鲜亮可爱，适于种在宽敞庭院的背阴处。

柃木
常绿中型木·灌木

分布地区：广泛分布于暖温带气候区全域。
自然状态下树高：1~6m
庭院种植时树高：1~1.5m，灌木、中型灌木

柃木树质结实，即使在昏暗背阴处也能发芽，通过从根部切除部分植株以促进其再生。该树易于管理，常用作杂木庭院的林床。该树与珊瑚木一样，并非杂木庭院的常见树种，不过正是这些不起眼的"配角"能让庭院的生态系统更丰富、环境更幽深。

开白花的马醉木。

马醉木嫩叶也非常漂亮。

马醉木
常绿灌木

分布地区：主要分布于暖温带气候区山中。
自然状态下树高：1~3m
庭院种植时树高：0.8~1.5m，灌木、中型灌木

马醉木作为杂木庭院中的灌木，因其耐阴性较强、易于搭配而被广泛栽种。该树树叶纤细且富有光泽，为杂木庭院的下方空间更添几分野趣。不过，该树易被阳光晒伤，在庭院竣工数年后，随着树荫逐渐浓密，该树的长势也会逐渐趋于正常。

厚叶石斑木
常绿灌木

分布地区：主要分布于暖温带气候区南部的沿岸地区等处。
自然状态下树高：1~4m
庭院种植时树高：0.5~1.5m，灌木、中型灌木

厚叶石斑木的耐盐性、耐暑性及耐旱性都很强，而且还能抵御火灾，较能适应严苛的城市微气候环境，堪称未来杂木庭院中的实用性树种。该树盛开的白花十分动人。由于在向阳处种植时会使枝条变粗，所以最好将其作为中型灌木或灌木种于杂木庭院的树荫处。

杂草

在杂木庭院下方种植杂草时，首先应选择适合生长在树荫下的品种。如果杂草能适应庭院环境就会逐渐占据树荫下方空间，并通过优胜劣汰而扩大生长范围，从而形成森林地表般的丰富林床结构。

禾叶土麦冬

常见于远郊近山的林床植物。初夏时会生出紫色花穗并开出可爱花朵，让人赏心悦目。

麦冬

常见于山中，因其植株结实，最适于用作庭院林床植物。另外，麦冬根就是被称为"麦门冬"的著名中药。

紫萼

自然生长于日本山中，种类丰富，庭院中常见的大叶紫萼的嫩叶还可食用。该植株于春季至初夏开出的花朵也十分漂亮。

鳞毛蕨

即使在冬季，鳞毛蕨的纤细叶片也呈翠绿色。该植物一旦扎根，就能正常生长于较为背阴的环境中，是杂木庭院最为常见的蕨类植物。

全缘贯众

蕨类植物，生长范围较广且植株结实，非常适合在庭院种植。常见于水边、海岸及山中的昏暗地带，其叶片要比鳞毛蕨叶片略微粗糙一些。

春兰

最具代表性的兰科林床植物，尤其是春季盛开的花朵显得沉静而美丽，而且花朵还可食用。该植株生长范围较广，但主要分布在杂木林、杉树林等再生林中。

石菖蒲

自然生长于水边的菖蒲科常绿多年生杂草。该植株在流水处长得格外结实，繁殖力也很强，不过春季开放的花朵却不怎么漂亮。

三色堇

堇菜科常绿多年生杂草，春季开出的白花显得别具特色。自然生长于水边及茂密森林中，其光亮叶片也十分漂亮。

吉祥草

百合科常绿多年生杂草。原本生长在常绿林中的浓密树荫下，庭院种植时也应选择背阴环境。该植株盛开的粉色花朵也显得格外清爽。

桧叶金发藓

用于园艺种植的代表性苔藓。种植时需保证通风、光照及土壤透水性，一旦种在背阴处植株就会衰弱。

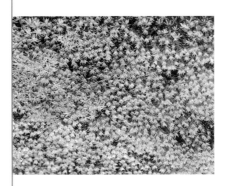

疏叶卷柏
（别名"鞍马苔藓"）

虽被称为"苔藓"，实为卷柏科蕨类植物，其匍匐地面生长的姿态酷似苔藓。尤其与其他苔藓混栽时，更显自然。

草莓天竺葵

生长区遍布整个日本，广泛分布于民房后侧及湿润的背阴环境中，植株结实，是最为常见的杂草植物。而且，该植株于春季开出的白色花朵也十分纤巧、可爱。

蜘蛛抱蛋

天门冬科常绿多年生杂草，叶片较大。植株的耐阴性及耐旱性较强，通过地下茎增殖，适合为背阴环境增添绿意。

白及

叶尖修长、叶色柔美，尤其是随风摇曳的粉色花穗更显可爱。植株结实，能广泛生长于半背阴处至向阳处。

紫金牛

生长于背阴处的小型林床植物，秋季结出的红色果实常被作为新年饰品。该植株能群生于半背阴环境中，不过，分散生长于背阴处的植株也很可爱。

内 容 提 要

本书以十余个家庭的杂木庭院为例，向读者介绍了多种类型的家庭杂木庭院。同时对利用杂木打造舒适的现代生活环境的概念与方法进行了阐述，并对杂木庭院的维护与管理进行了讲解。书后附植物图鉴，向读者展示了适于在杂木庭院中种植的常见树木与杂草。

本书旨在让之前那些与我们生活密切相关的山林、树木、土地等自然原有的优质生态资源在身边重新焕发生机，同时让树木在现代生活环境中充分发挥出自身作用，为人们营造出自然和谐的生活环境。

本书适于向往打造自然舒适的家庭庭院的读者或从事庭院设计与建造的园艺师阅读。

北京市版权局著作权合同登记号：图字 01-2019-3368

これからの雑木の庭

©Hiroomi Takada 2012

Originally published in Japan by Shufunotomo Co., Ltd

Translation rights arranged with Shufunotomo Co., Ltd.

through CREEK & RIVER Co., Ltd. & CREEK&RIVER SHANGHAI Co., Ltd.

图书在版编目（CIP）数据

杂木庭院：与树为伴的日式庭院 ／（日）高田宏臣
著；冯莹莹译. -- 北京：中国水利水电出版社，
2020.6
ISBN 978-7-5170-8539-3

Ⅰ．①杂… Ⅱ．①高… ②冯… Ⅲ．①庭院－园林设
计－日本－图集 Ⅳ．①TU986.631.3-64

中国版本图书馆CIP数据核字（2020）第069883号

日本原版书工作人员一览

组织、编辑：高桥贞晴（执笔页：P6~P54、P92~P105）

设计：monostore（日高庆太、原 千寻）

摄影：铃木善实、高田宏臣	封面设计：日高庆太（monostore）
照片：Arsphoto 企划 入江寿纪	校对：大塚美纪（聚珍社）
插图：竹内和惠（高田造园设计事务所）	编辑文案：平井麻理（主妇之友社）

策划编辑：庄晨 责任编辑：陈洁 封面设计：梁燕

书 名	杂木庭院——与树为伴的日式庭院 ZAMU TINGYUAN——YU SHU WEIBAN DE RISHI TINGYUAN	
作 者	[日]高田宏臣 著 冯莹莹 译	
出版发行	中国水利水电出版社	
	（北京市海淀区玉渊潭南路 1 号 D 座 100038）	
	网 址：www.waterpub.com.cn	
	E-mail：mchannel@263.net（万水）	
	sales@waterpub.com.cn	
	电 话：（010）68367658（营销中心）、82562819（万水）	
经 售	全国各地新华书店和相关出版物销售网点	
排 版	北京万水电子信息有限公司	
印 刷	天津联城印刷有限公司	
规 格	210mm×285mm 16 开本 10 印张 250 千字	
版 次	2020 年 6 月第 1 版 2020 年 6 月第 1 次印刷	
定 价	68.00 元	